宿根
植物图鉴

[日] 荻原范雄 著　骆晓娜 译

PERENNIALS

长江出版传媒　湖北科学技术出版社

图书在版编目（CIP）数据

宿根植物图鉴 /（日）荻原范雄著；骆晓娜译 . —武汉：湖北科学技术出版社，2024.12

ISBN 978-7-5706-2639-7

Ⅰ . ①宿… Ⅱ . ①荻… ②骆… Ⅲ . ①宿根花卉—观赏园艺—图集 Ⅳ . ① S68-64

中国国家版本馆 CIP 数据核字（2023）第 118814 号

宿根植物图鉴

SUGEN ZHIWU TUJIAN

责任编辑：林 潇 罗晨薇
责任校对：童桂清 封面设计：曾雅明

出版发行：湖北科学技术出版社
地 址：武汉市雄楚大街 268 号（湖北出版文化城 B 座 13—14 层）
电 话：027-87679468 邮 编：430070

印 刷：湖北新华印务有限公司 邮 编：430035

787×1092 1/32 8.75 印张 330 千字
2024 年 12 月第 1 版 2024 年 12 月第 1 次印刷
定 价：68.00 元

（本书如有印装问题，可找本社市场部更换）

富有魅力的宿根植物世界

　　宿根植物，作为植物园艺世界的其中一个分类，在不利生长的季节，地上部分枯萎，以根茎或萌蘖形式越冬或越夏后，等待环境适合生长则再次萌芽。在原生地经历过数年到几十年的生长，大部分每年都会开花。宿根植物具有多样性，种类非常多，可以让喜欢植物的心一直保持新鲜感。从主角到配角，从观花到赏叶，本书收录了约600种宿根植物，不仅呈上了精美的图片，还介绍了每种植物的观赏要点和种植所必需的信息。

　　请尽情享受宿根植物的世界吧！

蜀葵 '查特斯红'

落新妇 '桃花'

矢车菊

大叶蚁塔

琉璃菊

金莲花 '金色皇后'

钓钟柳 '黑鸟'

本书的使用方法

　　本书收录的宿根植物，以适应日本气候环境、养护难度低、地栽和盆栽观赏性俱佳的品种为主。除此之外，还收录了一些在日本的气候环境中容易种植的球根植物。未收录因不耐寒而被视作一年生的宿根植物和极端不耐热的高山植物等。根据植物大致花期和受欢迎程度进行分类。

紫茎泽兰 🏆 ❀ 6
Eupatorium coelestinum(Conoclinium coelestinum)
菊科 北美洲   山丘型
                    ↕ 40~100cm
日照 全日照-半日照 耐寒性 ❄ 耐热性 ☀
土壤 🌱 生命周期 多 生长速度 🌿

特征：通过地下茎繁殖，花眼成片盛开紫色的花朵，和蓟香蓟的花十分相似。
种植：喜日照充足的环境，但也可以在半日照处生长。不挑土，种植区域广泛。习性强健，可粗放管理。

译者注：紫茎泽兰的拉丁名已修订为*Ageratina adenophora*

月	1	2	3	4	5	6	7	8	9	10	11	12
观赏								花				
养护					叶							
									花期修剪			

蛇根泽兰 ' 巧克力 '
Eupatorium rugosum(Ageratina altissima)
'Chocolate'
菊科 北美洲   直立型
                    ↕ 60~90cm
                    ← 30~60cm →
日照 全日照-半日照 耐寒性 ❄ 耐热性 ☀
土壤 🌱 生命周期 多 生长速度 🌿

特征：和泽兰同属。带有褐色的绿叶富有观赏价值，与从秋天开始盛开的白色花朵相映成趣，看起来格外时髦。
种植：喜微微湿润的土壤。可以忍受微微干旱的环境。无论是全日照还是半日照环境都可以养护。

月	1	2	3	4	5	6	7	8	9	10	11	12
观赏								花				
养护					叶							

---

1 以观赏时间和受欢迎程度为基础的分类

本书以植物的观赏时间和受欢迎程度进行分类。

冬·早春：主要观赏花期 1—3 月。
中春：主要观赏花期 4 月左右。
晚春：主要观赏花期 5 月左右。

初夏：主要观赏花期 6 月左右。
夏：主要观赏花期 7—8 月。
秋：主要观赏花期 9—11 月。
铁线莲：受欢迎的藤本宿根植物。
彩叶植物：叶片具有观赏价值的植物。
草：具有观赏价值的绿叶植物。

2 植物名   列载了笔者认为广泛流通的植物名。日语汉字部分用括号进行了括注。除此之外，也列载了使用较多的别名。

3 学名   植物的学名采用拉丁名，是植物的国际通用名。

4 植物分类   以大庭秀章编著的《植物分类表》（2010年第二版印刷）为基准的科名记录。

5 原产地   记录植物的主要原产地和品种的父本、母本所在的原产地和地区。

6 特别推荐标志   特别容易养护和非常容易栽培的植物会标注这个标志。

7 标签   为了方便检索，有代表性的植物属名会在栏外适当标注出来。

8 表现形态   植物在生长期内的形态大致分为以下几类，标注出植物生长成熟后的大小（高度、宽度）。

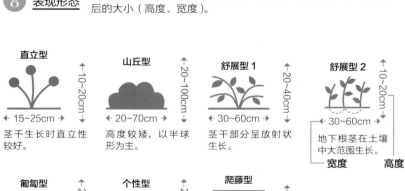

直立型
10~20cm
← 15~25cm →
茎干生长时直立性较好。

山丘型
20~100cm
← 20~70cm →
高度较矮，以半球形为主。

舒展型1
20~40cm
← 30~60cm →
茎干部分呈放射状生长。

舒展型2
10~20cm
← 30~60cm →
地下根茎在土壤中大范围生长。
宽度   高度

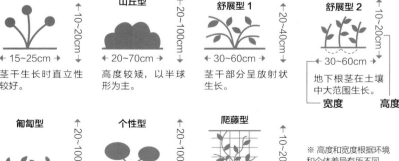

匍匐型
20~100cm
← 20~70cm →
茎及枝条贴着地面生长。

个性型
20~100cm
← 20~70cm →
有着非常独特的姿态。

爬藤型
10~20cm
← 20~70cm →
茎及枝条以地面为支撑伸长。

※ 高度和宽度根据环境和个体差异有所不同。

⑨ 各类图标

本书给出下列相关定义。

日照 [日照 全日照～ 半日照～ 阴]

全日照	1 天内直射光在 8~10 小时。
半日照	避开下午的直射光，有 4~6 小时的日照。
阴	更喜欢早上几小时的日照，一般为 3~4 小时。

耐寒性 [耐寒性 强 普 弱]

按照植物的耐寒温度，作出以下分类。

强	可在寒冷地带越冬。
普	可在温暖地区越冬。
弱	在不结冰的地区越冬。

耐热性 [耐热性 强 普 弱]

按照植物的耐热温度，作出以下分类。

强	可在较为炎热的地区度夏。
普	在炎热地区通过一定手段度夏。
弱	在炎热地区度夏困难。

极寒地区：日本北海道及本州地区的强寒地带。
寒冷地带：日本北海道地区的南部、东北部及山岳地带。
温暖地区：日本九州地区的南部，东海地区、四国地区。

土壤 [土壤 干 微干 普 适中 湿]

按照适合植物生长的土壤状态，作出以下分类。

干	非常干燥的土壤（如沙砾地、荒地、岩石区域）。
微干	比较容易干燥的土壤（如沙地、山地、坡面等）。
普	排水良好的土壤（如土面较为平整的地带、耕地等）。
适中	不容易干，含有适度水分的土壤（如洼地、有湿气的半日照地带）。
湿	通常含有丰富的水分（如湿地、河边、湖畔等地）。

生命周期 [生命周期 短 普 长]

指植物从购买到枯萎的时间，不排除因为环境、养护方法、个体差异等产生的影响。

短	日本气候环境下生命周期为 2 年以下。
普	日本气候环境下生命周期为 3~5 年。
长	日本气候环境下生命周期为 6 年以上。

生长速度 [生长速度 快 普 慢]

此标志表示该种植物的生长速度。

快	生长、繁殖较快，长到成株所需时间较短（2 年左右）。
普	大部分植物的生长速度。
慢	生长较慢，需要花费几年长大（3 年以上）。

⑩ 花　色

表示植物带有的花色。

⑪ 叶　色

表示植物带有的叶片颜色，带斑纹的品种加以斜线标注。

12 <u>香　　味</u>　**香** 带有芳香气味的品种加以香味符号。

13 <u>书边标目</u>　分类的标准用主题颜色标注在页眉上。

14 <u>正　　文</u>　记录植物特征和种植要点。

15 <u>种植月历</u>　用种植月历的方式表示植物的观赏期和养护方法。
观赏：标示花、果实和叶片的观赏期。
养护：标示植物种植、施肥、分株、修剪等要点。

16 <u>植物照片</u>　体现植物特征的照片。

目录

Contents

冬·早春
Winter & Early Spring

从冬季到春季先盛开的花儿，数量稀少，十分珍贵。可以和一年生草本植物们一起观赏。

开放时花朵变成粉色的情况也会出现

铁筷子属

黑铁筷子
圣诞玫瑰、黑嚏根草 *Helleborus niger*
毛茛科 欧洲

山丘型
↕20~40cm
↔40~60cm

白 绿

 日照 半日照　 耐寒性　 耐热性

 土壤 普　 生命周期 长　 生长速度 普

特征：早花从圣诞节开始盛开，圣诞玫瑰为黑铁筷子原种的英文名。

种植：耐寒性虽然较好但不耐高温，半日照环境种植比较好。喜欢弱酸性、肥沃的土壤，不喜高温、高湿的环境，要做好通风和排水。

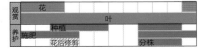

月	1	2	3	4	5	6	7	8	9	10	11	12
观赏		花										
						叶						
养护			种植									
	施肥											
		花后修剪							分株			

杂种铁筷子

Helleborus × hybridus

毛茛科 东欧

粉	红	紫	黄
白		绿	其他	绿

山丘型
↕20~60cm
←40~80cm→

日照 半日照	耐寒性 ❄	耐热性 ☀

土壤 ☁	生命周期 ♥ 长	生长速度 🌱 普

特征： 一般来说都是以东方铁筷子为基础的杂交种，耐寒性强，耐热性一般，非常容易养护。花色多样，花形多样，有单瓣、重瓣品种。可以选择地栽的高大品种，也可选择盆栽的小型品种。比铁筷子花期稍晚，从早春开始，整个春季一直有花开，和春季球根植物组盆也是非常合适的。

种植： 喜欢弱酸性、肥沃、排水较好的土壤。夏季宜放置在半阴处，有利于继续观赏奇特的叶片。多年植株若长势不良，可以选择换盆用新土重新种植。作为常绿植物，和其他常绿植物一起搭配种植比较合适。冬季叶片受损，会覆盖着新冒出来的花芽，在秋季到冬季这段时间，花芽萌发前把老叶修剪掉还有可能让花芽重新冒出来。

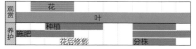

月	1	2	3	4	5	6	7	8	9	10	11	12
观赏		花										
		叶										
养护	施肥	种植										
		花后修剪						分株				

杂种铁筷子花色多样，每一株形态各异，花期较长

单瓣花	不完全重瓣花	重瓣花

辽吉侧金盏花（福寿草）

Adonis ramosa
毛茛科 亚洲东部及北部

 黄 绿

舒展型2

 10~20cm
20~60cm

| 日照 全日照~半日照 | 耐寒性 | 耐热性 |
| 土壤 普 | 生命周期 长 | 生长速度 普 |

特征： 以鲜黄色花朵告诉人们春天的到来。随着年份的增加，植株变大，会盛开更多的花朵。

种植： 花谢后到第二年春季前都会以宿根形式在地下生长。在肥沃的土壤中，全日照会迎来花期，半日照则进入休眠期。

月	1	2	3	4	5	6	7	8	9	10	11	12
观赏		花			叶							
养护 施肥	种植											
									分株			

阴地婆婆纳'牛津蓝'

阴地婆婆纳'乔治亚蓝'

Veronica umbrosa 'Oxford Blue' ('Georgia Blue')
车前科 欧洲

匍匐型

蓝 绿

5~15cm
20~40cm

| 日照 全日照~半日照 | 耐寒性 | 耐热性 |
| 土壤 普 | 生命周期 普 | 生长速度 普 |

特征： 盛开密集的蓝色小花。叶片像弹簧般向四周生长。耐热性、耐寒性强。

种植： 花后修剪，初夏会再次开放，在排水良好的地区可作地被植物。

月	1	2	3	4	5	6	7	8	9	10	11	12
观赏		花				叶						
养护 施肥	种植	花后修剪					回剪					
		分株、扦插										

小花仙客来

Cyclamen coum
报春花科 高加索地区

舒展型 2

特征：原生仙客来的一个品种，从冬季开到早春，硬币形的叶片和小巧的花让植物娇俏可爱。
种植：使用排水较好的土壤，生长期一定要避免干燥。夏季休眠期适当控制浇水。

小花仙客来'专辑'

Cyclamen coum 'Album'

小花仙客来的白花品种。花色纯白，喉部带有红色，不同个体的颜色稍有差异。此品种的叶片各式各样，具有一定的收藏价值。

日本菟葵（节分草）

Eranthis pinnatifida
毛茛科 日本

舒展型 2

特征：2月初会长出令人怜惜的白色小花。因为原生环境被破坏和盗挖，数量锐减。
种植：生长在石灰岩地带的落叶树林中，花后落叶、休眠，从秋天开始生根，直到春季开花。

加拿大堇菜

紫叶堇菜 *Viola labradorica*
堇菜科 北美洲

山丘型
←20~30cm→
5~10cm

 紫 其他

 日照 全日照~半日照 耐寒性 耐热性

 土壤 普 生命周期 普 生长速度 慢

特征：带有紫色的叶子一整年都可以观赏，紫罗兰色的小花可以从冬季一直开到初夏。冷色调的搭配十分美丽，组盆时作为地被植物很受欢迎。从原生堇菜中选育而来，在初夏到秋季这段时间，可能会产生比较多的堇菜特有的闭锁花现象（花蕾没有开放，自花授粉）。

种植：适合种植在全日照或有明亮光线的阴处，地栽、盆栽皆可。叶片茂密生长，株型较小，生长较为缓慢，在梅雨季节和夏季需要注意因高温、高湿引起的根腐病。使用排水性较好的土壤。喜肥，所以在种植后进行追肥生长，会更好。耐寒性强，在温暖地区冬天也可以赏叶。

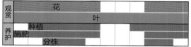

月	1	2	3	4	5	6	7	8	9	10	11	12
观赏		花										
			叶									
养护		种植										
施肥												
		分株										

大雪滴花

大雪花莲 *Galanthus elwesii*
石蒜科 东欧等地

舒展型2
←10~20cm→
5~15cm

 白 绿

 日照 半日照 耐寒性 耐热性

土壤 普 生命周期 普 生长速度 慢

特征：小型球根植物。大雪滴花正如其名，在白雪融化时绽放令人怜惜的小花。

种植：保持良好的通风，适合明亮的半日照、湿润的环境。种植后可粗放管理。

月	1	2	3	4	5	6	7	8	9	10	11	12
观赏		花	果实									
			叶									
养护		种植										
施肥												
								分株				

水仙

雪中花 *Narcissus tazetta* subsp. *chinensis* 直立型

石蒜科 地中海沿岸

 白 绿 香

 ↕20~40cm ↔30~60cm

日照 全日照　耐寒性 ❄　耐热性 🔆

土壤 稍干　生命周期 ❤ 普　生长速度 ↑ 普

特征：花朵在早春时盛开，气味芬芳。原产自地中海沿岸，也有说法是从中国传入日本。

种植：种植在光照充足处，无须多加管理。开花需要一定的低温春化。浅埋不容易繁殖小球。

月	1	2	3	4	5	6	7	8	9	10	11	12
观赏		花										
		叶										
养护	种植											
	施肥								分株			
		花后修剪										

槭叶草

Mukdenia rossii

虎耳草科 中国、朝鲜半岛　 个性型

 白 绿 ↕10~20cm ↔20~60cm

 日照 全日照~半日照　 耐寒性 ❄　 耐热性 🔆

 土壤 稍干　 生命周期 长　 生长速度 ↑ 普

特征：早春开白色花，花谢后叶片生长茂密，秋季时叶片转红后落叶，四季可周而复始地欣赏。

种植：耐热性、耐寒性强，干旱的情况下也能良好生长。可粗放管理。夏季为防止叶片被晒伤可适当遮阴，半日照养护。

月	1	2	3	4	5	6	7	8	9	10	11	12
观赏		花										
			叶									
养护		种植										
		施肥 花后修剪										
		分株										

中春
Mid-Spring

春意盎然，开花植物一口气变多。此时也要注意寒潮的危险。

常绿屈曲花
Iberis sempervirens
十字花科 欧洲

匍匐型
↕10~20cm
←30~60cm→

白 绿

日照 全日照	耐寒性	耐热性
土壤 微干	生命周期 普	生长速度 普

特征：盛开时白色花朵覆盖整棵植物，在春季格外引人注目。植株较矮，适合种植在花坛的前景部位。

种植：在日照充足、土壤较为干燥的地区种植可以粗放管理。花后尽早进行修剪。

月	1	2	3	4	5	6	7	8	9	10	11	12
观赏				花								
						叶						
养护		种植										
			施肥	花后修剪								
			分株、扦插									

常绿屈曲花 '金色糖果'
Iberis sempervirens 'Golden Candy'

鲜明的黄色叶片与白色花朵给春季的花坛增色不少。花谢后也可观叶，比较新的品种。

屈曲花'粉冰'
Iberis 'Pink Ice'

花朵刚开时为白色，后渐渐变为粉色。淡色系的花色变化与浓绿的叶色对比会给人留下深刻印象。

岩生庭荠 '最高点'

Alyssum saxatile 'Summit'

十字花科 东欧

 黄 绿

山丘型 ↕10~15cm
←20~30cm→

日照 全日照　耐寒性　耐热性

土壤 微干　生命周期 普　生长速度 普

特征：宿根型的黄花庭荠。容易自播、群生，可作为地被植物。

种植：在全日照环境下，花和叶的色彩非常鲜亮。阴处则表现不佳。比起高温、高湿的环境，更喜欢干燥点的区域。

月	1	2	3	4	5	6	7	8	9	10	11	12
观赏				花								
				叶								
养护			种植									
			施肥									
			分株	花后修剪								

海石竹

Armeria maritima

白花丹科 欧洲、北美洲等地

 粉 白 绿

直立型 ↕10~20cm
←20~30cm→

日照 全日照　耐寒性　耐热性

土壤 微干　生命周期 普　生长速度 慢

特征：开球状小花，花量大，呈白色和粉色。细长如草的叶子在冬季也能保持绿色。也有比较大型的品种。

种植：不喜欢高温、高湿的环境，所以要做好排水和通风养护。定期分株和控肥。

月	1	2	3	4	5	6	7	8	9	10	11	12
观赏				花								
				叶								
养护			种植									
			施肥	花后修剪								
			分株									

欧白头翁

Pulsatilla vulgaris

毛茛科 欧洲

 粉 红 紫 蓝
黄 白 其他 绿

山丘型 ↕10~20cm
←10~20cm→

日照 全日照~半日照　耐寒性　耐热性

土壤 普　生命周期 普　生长速度 慢

特征：植株全株覆盖细小的茸毛。花后结的种子带柔毛，容易让人联想到老人。

种植：日本品种较为强健，夏季遮阴以避免盆土干燥。

月	1	2	3	4	5	6	7	8	9	10	11	12
观赏				花								
				叶								
养护			种植									
			施肥	花后修剪								
									分株		

红银莲花

Anemone × fulgens
毛茛科 地中海沿岸

舒展型 2
↕15~20cm
←10~20cm→

 粉 红 紫 白 其他 绿

 日照 全日照~半日照　耐寒性 　耐热性

土壤 稍干　生命周期 普　生长速度 慢

月	1	2	3	4	5	6	7	8	9	10	11	12
观赏				花								
				叶								
养护			种植									
	施肥			花后修剪								
	分株											

特征：原种种间杂交所得，所以习性更偏向原种，朴素又让人怜惜。一般作为园艺品种的母本。

种植：花谢后到夏天前，地上部分枯萎，以块根的形式度夏。适宜种植在排水良好、日照充足的环境中。

报春花属

欧洲报春 🎖

德国报春花 *Primula vulgaris*
报春花科 欧洲

山丘型
↕8~12cm
←20~40cm→

黄 绿 香

日照 全日照~半日照　耐寒性 　耐热性

土壤 普　生命周期 普　生长速度 普

特征：原产于欧洲的原始野生品种，开花时明亮的淡黄色小花覆盖整棵植株。

种植：喜爱排水良好、日照充足的环境。在较为温暖的地区，夏季可以通过保持通风和遮阴来度夏。

月	1	2	3	4	5	6	7	8	9	10	11	12
观赏			花									
				叶								
养护			种植									
	施肥											
	分株											

欧洲报春亚种

Primula vulgaris subsp. *sibthorpii*

在巴尔干半岛被发现的欧洲报春的亚种，和原种的淡黄色花色不同，亚种以淡粉色花色为主。和原种一样习性强健。

黄花九轮草

Primula veris

报春花科 亚洲中部、欧洲

直立型

←15~25cm→

←20~30cm→

   黄 绿 香

日照 全日照~半日照 耐寒性 耐热性

土壤 生命周期 生长速度 普

特征：花茎伸长，开出房状的花朵。习性强健的野生品种，花香沁人心脾。

种植：耐热性一般，在高温、高湿的夏日里可以适当遮阴。

月	1	2	3	4	5	6	7	8	9	10	11	12
观赏			花									
				叶								
养护			种植									
	施肥		花后修剪									
	分株											

雪割草

Hepatica nobilis var. *japonica* f. *magna*

毛茛科 日本

直立型

←10~15cm→

3~8cm

粉 红 紫 蓝

黄 白 其他 绿

日照 半日照 耐寒性 耐热性

土壤 普 生命周期 普 生长速度 慢

特征：作为獐耳细辛属代表的山野草，通过名字可以知道其开花时恰逢融雪。花色丰富。

种植：在落叶树林中自生的山野草，喜欢树荫下明亮的光线和良好的排水环境。

月	1	2	3	4	5	6	7	8	9	10	11	12
观赏			花									
				叶								
养护	种植											
		施肥										
	分株											

黄花九轮草‘日落阴影’

Primula veris 'Sunset Shades'

在黄花九轮草中选育出的红花品种。红花的花色可能会偏浓或偏淡，也有一定概率出现黄色，这些都是个体差异所导致的。习性和黄花的黄花九轮草一样强健。

重瓣欧报春

Primula × hybridus

报春花科 欧洲

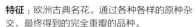

特征：欧洲古典名花。通过各种各样的原种杂交，最终得到的完全重瓣的品种。

种植：和多花报春相比，耐热性更好，在温暖地区有可能度夏。日照充足时开花较好。

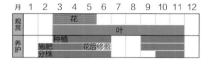

重瓣欧报春'阳光苏西'

重瓣欧报春'黎明天使'

重瓣欧报春'贵格会礼帽'

多彩大戟

黄河　*Euphorbia polychroma*
大戟科　欧洲

山丘型　↕15~25cm
←→30~50cm

| 日照 全日照 | 耐寒性 | 耐热性 |
| 土壤 微干 | 生命周期 普 | 生长速度 普 |

特征：温柔的圆顶状观赏草。花朵一齐盛放时给人以明亮的印象。冬季温度较低时会落叶。

种植：选择较为干燥的土壤种植，不用多加打理，花也会开得很好。喜欢充足的日照。

月	1	2	3	4	5	6	7	8	9	10	11	12
观赏				花		果实						
					叶							
养护			种植									
			施肥					修剪				
			分株、扦插			花后修剪						

樱草

Primula sieboldii
报春花科　亚洲东部及北部

　香
山丘型　↕15~20cm
←→20~30cm

| 日照 半日照 | 耐寒性 | 耐热性 |
| 土壤 适中 | 生命周期 普 | 生长速度 普 |

特征：在日本、中国和朝鲜半岛等地区自生。有悠久的亲本杂交历史。

种植：在有湿气的草原和河川边自生，喜欢通风良好并带有一定湿度的环境，夏季需遮阴。

月	1	2	3	4	5	6	7	8	9	10	11	12
观赏				花								
				叶								
养护			种植									
			施肥	花后修剪								
			分株									

山蚤缀
Arenaria montana
石竹科 欧洲

 白 绿

匍匐型 ↕5~10cm ↔20~40cm

 日照 全日照　 耐寒性　 耐热性

  土壤 普　 生命周期 普　 生长速度 普

特征：生长广泛的观赏草，白色杯形花朝向一面开放。

种植：高山地带自生的花，不喜高温、高湿环境，所以要做好排水和通风，进行良好的日照管理。

月	1	2	3	4	5	6	7	8	9	10	11	12
观赏				花								
						叶						
养护				种植								
				施肥	花后修剪							
				分株								

匍匐福禄考'紫色舍伍德'

Phlox stolonifera 'Sherwood Purple'
花葱科 北美洲

 紫 绿

匍匐型 ↕15~20cm ↔60cm以上

 日照 全日照~半日照　 耐寒性　耐热性

土壤 普　生命周期 普　生长速度 快

特征：好像跑步运动员一样朝向一面开放的紫色的花朵。也可作为岩生花境的点缀使用。

种植：种植时需要日照充足、排水良好的环境。半日照环境中也会开放，但容易出现花色变浅、徒长的情况。

月	1	2	3	4	5	6	7	8	9	10	11	12
观赏				花								
						叶						
养护			种植									
			施肥	花后修剪								
			分株、扦插									

西亚琉璃草'樱桃英格拉姆'

Omphalodes cappadocica 'Cherry Ingram'

紫草科 土耳其

山丘型 ↕10~20cm ←15~25cm→

蓝 绿

日照 半日照 | 耐寒性 | 耐热性
土壤 普 | 生命周期 普 | 生长速度 慢

特征：琉璃草的近亲，株型较小，蓝色的小花盛开时惹人怜惜。

种植：怕热，夏季须种植在阴凉处。讨厌高湿环境，需要做好排水。

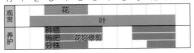

西亚琉璃草'星星眨眼'

Omphalodes cappadocica 'Starry Eyes'

花朵蓝色，镶嵌了白边，花瓣呈星形。小花渐次开放，非常可爱，是十分受欢迎的品种。种植时需要避免高温、高湿，做好排水。注意环境不能太过干旱。

西亚琉璃草'阿尔巴'

春山黧豆'罗森埃尔夫'

Lathyrus vernus 'Rosenelfe'

豆科 欧洲

山丘型 ↕15~25cm ←30~40cm→

粉 绿

日照 全日照~半日照 | 耐寒性 | 耐热性
土壤 普 | 生命周期 普 | 生长速度 慢

特征：香豌豆的中间种，株型小且直立。开花时花朵直径在1cm左右。

种植：定植在光照较好的区域，可以种植在小型容器中。在贫瘠的土地中也能生长良好。

15

肺草'蓝色海军少尉'

Pulmonaria 'Blue Ensign'

紫草科 亚洲西部、欧洲

山丘型

←15~30cm→

←30~60cm→

蓝 绿

| 日照 半日照 | 耐寒性 ❄ | 耐热性 ☀ |
| 土壤 普 | 生命周期 长 | 生长速度 普 |

特征：花朵较大，呈靛蓝色。生命周期较长，10年以上的植株也能花开旺盛，美不胜收。

种植：忌强光、高温、高湿，夏季宜种植在半日照和排水良好的区域。避免干旱。

月	1	2	3	4	5	6	7	8	9	10	11	12
观赏			花									
				叶								
养护			种植									
			施肥	花后修剪								
			分株									

长叶肺草'E.B.安德森'

Pulmonaria longifolia 'E.B. Anderson'

强健的长叶肺草品种。带有独特锦斑的细长叶片密生，株型别致。开花性良好，长势紧凑。

长叶肺草'戴安娜·克莱尔'

Pulmonaria longifolia 'Diana Clare'

叶片带有独特的锦斑，在日光下光彩照人。刚开花时花呈蓝色，后转为粉色。

心叶牛舌草

Brunnera macrophylla
紫草科 高加索

蓝 绿

山丘型
←20~40cm→
←30~60cm→

日照 半日照 | 耐寒性 | 耐热性

土壤 普 | 生命周期 普 | 生长速度 普

特征：春天刚刚发芽便会开出小花来，花后叶片生长茂盛。叶片呈心形，手掌般大小。

种植：避开强光，宜在半日照处种植。喜欢湿润，但须避免高温、高湿，防止地下茎徒长。

月	1	2	3	4	5	6	7	8	9	10	11	12
观赏				花								
					叶							
养护		种植 施肥 分株			花后修剪							

心叶牛舌草'摩尔斯先生'

Brunnera macrophylla 'Mr.Morse'

心叶牛舌草的白花品种。银色的斑点广泛分布于叶片上，和白花的组合显得清爽。叶色从春季到秋季，一直都很稳定。

心叶牛舌草'绿色黄金'

Brunnera macrophylla 'Green Gold'

从叶色呈黄色的心叶牛舌草中选拔出的芽变品种。刚发芽时叶色鲜亮，而后变绿。

17

心叶牛舌草'国王的赎罪'
Brunnera macrophylla 'King's Ransom'

心叶牛舌草的斑叶品种。叶片中央银色，外侧带着奶油色的锦斑，容易让人眼前一亮。小型品种，生长缓慢。

心叶牛舌草'镜子'
Brunnera macrophylla 'Looking Glass'

'杰克弗罗斯特'的优选品种，其特征是具有银色斑点。叶片上的银斑多，颜色看起来格外清爽。亮闪闪的叶片和蓝色花朵的搭配组合，看起来十分美丽。

厚叶岩白菜'蜻蜓樱花'
Bergenia cordifolia 'Dragonfly Sakura'

半重瓣品种，随着植株生长，花瓣层数也会增加。深粉色的花朵鲜亮美丽，冬天的红叶也为其增色不少。

岩白菜'布雷辛厄姆白'
Bergenia 'Bressingham white'

春天花茎伸长，开出白色花。带有光泽的绿叶与白花的组合给人清亮的感觉，花朵尺寸较大，叶片也较大。

短柄岩白菜
Bergenia stracheyi
虎耳草科 喜马拉雅

个性型
↕20~40cm
←20~50cm→

 粉 绿

| 日照半日照 ~ 阴 | 耐寒性 | 耐热性 |

| 土壤 普 | 生命周期 长 | 生长速度 慢 |

特征：厚实的叶片带有光泽，一年中保持常绿，冬季叶片变红。春天花茎伸长，开出小花。

种植：根茎横向生长，能耐受一定程度的干燥或者高湿的环境，有广泛种植的可能性。

月	1	2	3	4	5	6	7	8	9	10	11	12
观赏			花									
			叶									
养护			种植									
			施肥	花后修剪								
			分株									

特征：惹人怜爱的蓝色小花，预示春天的到来。勿忘我也是一种属名，有很多种类。

种植：秋天播种，第二年春季开花。在温暖地区，一般作为一年生植物种植。在较为寒冷的地区自播繁殖，来年继续生长。

勿忘我
Myosotis
紫草科 主要在欧洲

山丘型
↕10~20cm
←20~30cm→

 蓝 绿

| 日照 全日照 ~ 半日照 | 耐寒性 | 耐热性 |

| 土壤 微干 | 生命周期 短 | 生长速度 普 |

月	1	2	3	4	5	6	7	8	9	10	11	12
观赏				花								
				叶								
养护			种植									
			施肥									
			分株									

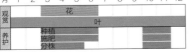

晚 春

Late Spring

越来越多的花朵绽放，慢慢地进入庭院最为华丽的季节。以粉色为主导，花朵的竞赛表演开始了。

长柱草
Phuopsis stylosa
茜草科 高加索

粉 绿

匍匐型
←40~80cm→
↕15~20cm

日照 全日照 | 耐寒性  | 耐热性

土壤 微干 | 生命周期 普 | 生长速度 快

特征：柔软的叶片仿佛靠垫一般铺陈开来，手鞠状的粉色花成片盛开。

种植：较为耐旱，不耐湿润环境，适宜在日照充足、排水良好的区域种植。长高后可以适当修剪。

月	1	2	3	4	5	6	7	8	9	10	11	12
观赏				花				叶				
养护		种植 施肥 分株		花后修剪					修剪			

宿根亚麻

Linum perenne
亚麻科 欧洲

直立型
←30~60cm→
↕40~60cm

蓝 绿

| 日照 全日照 | 耐寒性 ❄ | 耐热性 ☀ |

| 土壤 微干 | 生命周期 短 | 生长速度 普 |

特征：细长的茎干高高扬起，顶上开放着澄澈的蓝色小花，在风中摇曳的姿态惹人怜爱。
种植：适宜在日照充足、较为干燥的区域种植。在合适的地区会自播生长。花后修剪会重新再开一轮。

月	1	2	3	4	5	6	7	8	9	10	11	12
观赏						花						
						叶						
养护			种植									
			施肥		花后修剪				回剪			
									分株			

宿根亚麻 '阿尔巴'

Linum perenne 'Alba'

白花品种，在春末气温升高时开放。花色带来清凉感，草姿清爽。和蓝色亚麻混植，十分漂亮。

毛地黄

Digitalis purpurea
车前科 欧洲

直立型

↕80~120cm

←30~50cm→

粉 绿

日照 全日照	耐寒性	耐热性

土壤 普	生命周期 短	生长速度 快

特征：毛地黄属的代表种。一般品种都以毛地黄为原种改良而来，以二年生草本植物为主。
种植：适宜种植在日照充足、排水良好的区域。尽可能在秋季定植，越冬后，来年花开得更多。

月	1	2	3	4	5	6	7	8	9	10	11	12
观赏					花							
						叶						
养护			种植									
			施肥		花后修剪							
									分株			

毛地黄'卡米洛特薰衣草'

Digitalis purpurea 'Camelot Lavender'

明亮的粉紫色。能迅速开花的 F₁代品种，虽然春天种植也会开花，但是秋季种植的话，来年花会开得更多。

毛地黄'卡米洛特玫瑰'

Digitalis purpurea 'Camelot Rose'

引人注目的玫瑰红。F₁代品种内的"卡米洛特"系列，花色和植株高度差异较小，群植开放效果佳。

毛地黄'杏子'

Digitalis purpurea 'Apricot'

淡粉色和橙色的混色色调，根据环境有浓淡变化。其花色清淡文雅，和月季、其他草花的搭配组合很受欢迎。

毛地黄'白色顶针'

Digitalis purpurea 'Snow Thimble'

纯白的毛地黄。顶针是裁缝保护手指的工具（在欧洲被称为指套），因形似而命名，很有趣。

毛地黄'帕姆的分裂'

Digitalis purpurea 'Pam's Split'

白底带红色斑点，从'帕姆的选择'（pam's choice）变异而来的品种，裂开的花瓣成列，好像松果一样，是十分有趣的特征。

毛地黄'银狐'

Digitalis purpurea subsp. *Heywoodii*

其特征为叶片覆有白色茸毛。这个品种刚刚
面世时有各种各样的花色，近年来经过筛选，
市面上以图中的白花居多。

默顿毛地黄

Digitalis × mertonensis

原种的大花型和毛地黄的杂交种，有"夏日
之王"之称。种植后开花所需要的时间比一
般品种长。

西方毛地黄

Digitalis obscura

在西班牙东南部及非洲北部
自生的原生种。细叶对生，
姿态独特，和毛地黄有明显
区别。

毛地黄
'波尔卡圆点皮帕'
Digitalis 'Polkadot Pippa'

数种原种杂交而来的"波尔卡圆点"系列的品种。不能结种子，所以度夏更容易，生命周期更长。花朵双色，略小。

毛地黄
'波尔卡圆点波利'
Digitalis 'Polkadot Polly'

数种原种杂交而来的"波尔卡圆点"系列的品种。杏色花朵外包裹着柔软的茸毛，给人以温柔的感觉。开花性比较好。

毛地黄 '光源覆盆子'
Digitalis (Digiplexis)
'Illumination Raspberry'

毛地黄属和等裂毛地黄属的属间杂交种。继承了木本的等裂毛地黄属的性状，干旱时也会从侧枝开花。

狭叶毛地黄（咖啡奶油）
Digitalis lanata (Café Crème)

产自欧洲的原种，流通名为咖啡奶油（coffee cream）。有淡棕色和奶油色两种颜色，小花。植株高度较高，种在花坛后方也合适。

巧克力色毛地黄（牛奶巧克力）
Digitalis parviflora (Milk Chocolate)

产自西班牙的原种。流通名为牛奶巧克力。
开放细长密生的穗状小花，有点特别。叶片
厚实，耐热性强。

毛地黄'红色皮肤'
Digitalis 'Red Skin'

黄花原种毛地黄的杂交种。2cm 左右的小花
排列开放，模样十分可爱。奶油色的花朵里
有少许红色。

毛地黄'光源粉'
Digitalis (Digiplexis) 'Illumination Pink'
玄参科 园艺品种

直立型 ←50~70cm→
←30~50cm→

特征：毛地黄属和等裂毛地黄属的属间杂交新
品种。花期长，生命周期长。

种植：管理需要充足的日照和稍微干燥的气
候。由于亲本为温带原产植物，较为寒冷地
区需要注意防寒。

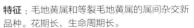

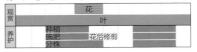

月	1	2	3	4	5	6	7	8	9	10	11	12
观赏					花							
					叶							
养护		种植										
		施肥		花后修剪								
		分株										

草原锦葵'比安卡'

Sidalcea candida 'Bianca'
锦葵科 北美洲

直立型
60~90cm
←30~50cm→

 白　 绿

日照 全日照　耐寒性 　耐热性

土壤 普　生命周期　生长速度 普

特征：开放3cm左右的小花，锦葵的亲戚。
数根花茎直立，植株的姿态比较优美。
种植：种植在日照充足、排水良好的区域。
花后尽早修剪，有利于植株的复壮。

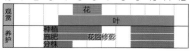

月	1	2	3	4	5	6	7	8	9	10	11	12
观赏					花							
						叶						
养护			种植									
			施肥		花后修剪							
			分株									

草原锦葵'小公主'

Sidalcea 'Little Princess'

小型的改良种。株型紧凑，开花性好，姿态
优美。花期也很长。

庭菖蒲'加利福尼亚天空'

Sisyrinchium 'California Sky'
鸢尾科 北美洲

直立型
←8~15cm→
←15~25cm→

蓝 绿

日照 全日照　耐寒性　耐热性

土壤 普　生命周期 普　生长速度 慢

特征：花较大，整体株型紧凑矮小。花朵在晴天中午开放，其他时间闭合。

种植：耐寒能力强，讨厌高温、高湿的环境。适宜种植在日照充足、排水良好的区域。花后修剪。

月	1	2	3	4	5	6	7	8	9	10	11	12
观赏					花							
					叶							
养护		种植										
		施肥		花后修剪								
		分株										

庭菖蒲'爱达荷白雪'

Sisyrinchium 'Idaho Snow'

在庭院里亮眼的白花品种。和'加利福尼亚天空'有相同的亲本（原种碧眼庭菖蒲）、大花和植株高度。

球序裂檐花
Phyteuma scheuchzeri
桔梗科 欧洲

直立型
↕10~20cm
←15~25cm→

 紫 绿

 日照 全日照~半日照 耐寒性 耐热性

 土壤 普 生命周期 普 生长速度 慢

特征：在欧洲阿尔卑斯山脉石灰岩地带自生的高山植物，可以耐高温。

种植：夏天避免高温、高湿环境，适宜在明亮的半日照、排水良好的区域种植。也可以盆栽。

月	1	2	3	4	5	6	7	8	9	10	11	12
观赏					花							
					叶							
养护			种植									
			施肥	花后修剪								
			分株									

智利庭菖蒲
Sisyrinchium striatum
鸢尾科 北美洲

直立型
↕40~60cm
←40~80cm→

黄 绿

 日照 全日照 耐寒性 耐热性

 土壤 微干 生命周期 普 生长速度 普

特征：大型的原种。有着与德国鸢尾相似的灰绿色叶片。花朵一段段开放，很有个性。

种植：在湿润的环境中生长较弱，适应日照充足、较为干燥的环境。可以自播群生。

月	1	2	3	4	5	6	7	8	9	10	11	12
观赏					花							
					叶							
养护			种植									
			施肥	花后修剪								
			分株									

大熊耳菊

Arctotis grandis
菊科 南非

直立型
↕30~50cm
←20~30cm→

白 银

日照 全日照　耐寒性 耐热性 弱

土壤 微干　生命周期 短　生长速度 普

特征：白花，花心蓝色，银灰色的叶片非常美丽。花期较长，作为组盆、花坛植物很受欢迎。

种植：在南非较为干燥的岩石地带自生，讨厌日照缺乏和湿润的环境。寒冷地带冬季需要注意防寒。

月	1	2	3	4	5	6	7	8	9	10	11	12
观赏					花							
					叶							
养护		种植										
					施肥	花后修剪						
				分株、扦插								

大熊耳菊'勃艮第'

Arctotis × hybrida 'Burgunhy'

品种众多的大熊耳菊中，颜色最深的红色品种。叶片的银灰色和花色的对比十分美丽。株型紧凑。

都忘菊
Miyamayomena
菊科 日本

粉　紫　蓝　白　其他　绿

直立型
15~30cm
←20~30cm→

 日照 半日照　 耐寒性　耐热性

土壤　生命周期 普　生长速度 普

月	1	2	3	4	5	6	7	8	9	10	11	12
观赏				花								
			叶									
养护			种植									
			施肥		花后修剪							
			分株、扦插									

特征：在日本本州以南自生，日本裸菀的园艺品种。作为山野草，独具趣味、风情，是十分受欢迎的花。

种植：夏季不耐强光，适合放置在半日照环境中。避免干旱。

山芫荽
Cotula hispida
菊科 南非

  黄　银

个性型
8~15cm
←20~30cm→

日照 全日照　耐寒性　耐热性

土壤 微干　生命周期 普　生长速度 慢

特征：毛毯般的叶片触感柔软。春季开放球状小花，晃晃悠悠的，十分可爱。

种植：喜欢干燥、日照充足处，但是土壤过于贫瘠会导致生长缓慢。株型凌乱时可以通过分株来调整。

月	1	2	3	4	5	6	7	8	9	10	11	12
观赏			花									
			叶									
养护			种植									
			施肥									
			分株									

白艾菊'头等奖'

Tanacetum niveum 'Jackpot'

菊科 欧洲

直立型

↕40~60cm
←30~50cm→

 白　 绿

 日照 全日照　 耐寒性 ✹　 耐热性 ▦

 土壤 微干　生命周期 普　生长速度 普

特征：灰绿色的叶片和玲珑可爱的小花相映衬。可以通过种子自播群生，和其他草花搭配起来十分和谐。

种植：适宜在日照充足、排水良好、保持稍微干燥的环境中种植。在不会过于潮湿的环境里还是很好养护的。

月	1	2	3	4	5	6	7	8	9	10	11	12
观赏					花							
				叶								
养护		种植										
		施肥			花后修剪							
		分株										

33

假雏菊

Bellium bellidioides

菊科 地中海沿岸

直立型

↕8~15cm
←15~25cm→

| | 日照 全日照 | 耐寒性 | 耐热性 |

| | 土壤 普 | 生命周期 普 | 生长速度 慢 |

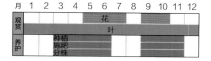

月	1	2	3	4	5	6	7	8	9	10	11	12
观赏					花							
					叶							
养护		种植										
		施肥										
		分株										

特征：小小的叶片仿佛青苔般密生，直径不足1cm的小花渐次开放。非常可爱受欢迎的植物。
种植：避免高温、高湿环境，种植保持良好的排水、充足的日照。适合盆栽。通过分株来进行繁殖。

水甘草(丁字草)

Amsonia elliptica

夹竹桃科 亚洲东部

直立型

↕40~60cm
←40~80cm→

| | 日照 全日照~半日照 | 耐寒性 | 耐热性 |

| | 土壤 普 | 生命周期 长 | 生长速度 普 |

特征：种类繁多，具有本土品种优秀的株型和美丽的花形。植株直立性好，秋季的红叶也很美丽。
种植：全日照环境可以避免植株徒长，增大开花量。夏季遮阴更利于生长。叶片变红后进行回剪。

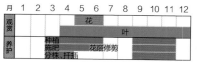

月	1	2	3	4	5	6	7	8	9	10	11	12
观赏					花							
					叶							
养护		种植										
		施肥		花后修剪								
		分株、扦插										

胡氏水甘草

Amsonia hubrichtii

美国中南部原产的水甘草。叶片细长，姿态柔美。晚春开放小小的蓝色花朵，秋冬黄色的叶子富有魅力。

鬼罂粟'肉色'

Papaver orientale 'Carneum'
罂粟科 亚洲西部等地

直立型
50~80cm
40~70cm

粉 绿

日照 全日照 | 耐寒性 | 耐热性

土壤 | 生命周期 短 | 生长速度 普

特征：大型的宿根性罂粟，花朵大而漂亮，数朵一齐开放的姿态很值得一看。花色呈淡淡的珊瑚粉，黑色花心令人印象深刻。

种植：在亚洲西部的干燥沙砾地等多自生。讨厌高温、高湿环境，所以在日本较为温暖的地区多作一年生植物种植，花后早日修剪可以帮助其恢复。周围可种植别的植物，但要保证通风良好。使用排水性较好的土壤，高温时期避免施肥，诸如此类的手段可帮其成功度夏。担心不能过夏的地区，可在收获种子后放置在阴凉处保存。因为可以采集到较多的种子，所以采摘到足量的种子后，其他花朵开败可以依次切除，让植株休养生息。夏季冷凉的地区，度夏相对来说比较容易，但是花后如果长时间降雨则需要注意。随着植株生长年份的增加，可自播繁殖。耐寒性非常好，寒冬时可以户外过冬。

月	1	2	3	4	5	6	7	8	9	10	11	12
观赏					花							
						叶						
养护			种植									
			施肥									
				花后修剪								

不可分株（增殖）

鬼罂粟'皇室婚礼'

Papaver orientale 'Royal Wedding'

白花的鬼罂粟。花朵中央带有黑色，单色的组合给人以沉静的印象。花后早日摘除残花，可以延长花期。

岩罂粟'重瓣'

Papaver rupifragum 'Flore Pleno'

花朵重瓣，中等大小。自播种子较少，生长繁殖缓慢。明亮的灰绿色叶片观赏价值高。

欧耧斗菜

Aquilegia vulgaris
毛茛科 欧洲

紫 绿

直立型
↑40~60cm↓
←40~60cm→

| 日照 全日照~半日照 | 耐寒性 | 耐热性 |
| 土壤 | 生命周期 短 | 生长速度 普 |

特征：原产于欧洲。花色、种类丰富。植株高度较高，适合庭院种植。可以通过种子自播繁殖。

种植：喜爱全日照环境，但是夏季建议放置在半日照处。干旱情况下生长不良，在有一定湿度的环境中生长更好，但是注意不能过于潮湿。

月	1	2	3	4	5	6	7	8	9	10	11	12
观赏					花							
					叶							
养护			种植									
			施肥									
					花后修剪							

不可分株

欧耧斗菜'绿苹果'
Aquilegia vulgaris plena 'Green Apples'

欧耧斗菜的变种，重瓣系列的园艺品种。花蕾在开花时慢慢变白，是比较受欢迎的品种。也可以通过自播繁殖。

欧耧斗菜'玫瑰巴洛'
Aquilegia vulgaris plena 'Rose Barlow'

重瓣的巴洛系列之一。明亮的淡粉色，在巴洛系列里算大花。植株高度较高，所以种植在花坛的后方比较美观。

欧耧斗菜'黑色巴洛'
Aquilegia vulgaris plena 'Black Barlow'

重瓣的巴洛系列之一。深黑色花朵让花园里的色彩更瞩目。可以通过自播繁殖，但会有开单瓣花的概率。

欧耧斗菜'闪烁红白'
Aquilegia vulgaris 'Winky Red-White'

株型紧凑,闪烁系列之一。花茎较细,会分枝。花朵向上横向开放,花量大。

耧斗菜
Aquilegia viridiflora

产自中国及西伯利亚的原种。深色的花色富有魅力,银灰色的叶片极具个性且观赏价值高。流通名为巧克力士兵。

欧耧斗菜'粉色衬裙'
Aquilegia vulgaris 'Pink Petticoat'

欧耧斗菜的园艺品种。粉色和白色的花色组合十分可爱,为重瓣花。花茎挺立,是植株较为高挑的品种,花朵较为引人注目。

加拿大耧斗菜'考伯特'
Aquilegia canadensis 'Corbett'

加拿大耧斗菜的黄花品种。好像戴了尖头帽似的,模样十分特别,植株较矮,花朵开放时显得很可爱。

加拿大耧斗菜'粉色提灯'
Aquilegia canadensis 'Pink Lanterns'

加拿大耧斗菜的园艺品种。粉色花萼和白色花瓣的组合十分优美。同系列中植株较高的品种,成年植株高度有50cm左右。

高山耧斗菜
Aquilegia alpina

原产于欧洲阿尔卑斯。花朵直径10cm左右,花色呈现美丽澄澈的群青色。属高山植物,比较强健。可以通过种子自播繁殖。

荷包牡丹

Dicentra spectabilis
罂粟科 中国、朝鲜半岛

直立型

↕40~60cm
←30~50cm→

特征：伸长的拱形花茎上并列着心形的花朵，开放的姿态优美，在国内外人气十足。

种植：避免干燥、高温、高湿环境，适宜种植在明亮的半日照处。植株衰弱时在不伤根的情况下小心分株，复壮。

日照 半日照

耐寒性

耐热性

土壤

生命周期 短

生长速度 普

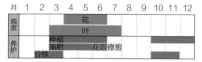

月	1	2	3	4	5	6	7	8	9	10	11	12
观赏				花								
			叶									
养护		种植										
		施肥		花后修剪								
	分株											

白花荷包牡丹

Dicentra spectabilis 'Alba'

比粉色品种的生长繁殖更加稳定。花朵白色，叶色和茎干呈现淡绿色。英文名"滴血的心"（bleeding heart）很特别。

荷包牡丹'金心'

Dicentra spectabilis 'Gold Heart'

明亮的黄色叶片，特别在春季时颜色更鲜明。开花后的叶色稍稍发暗，和粉色的花朵对比鲜明。植株高度较高，引人注目。

荷包牡丹'瓦伦丁'

Dicentra spectabilis 'Valentine'

比原种颜色更深的红花，与内侧白色花瓣形成强烈的对比。茎干略带红色，在春季刚发芽时颜色特别深。

译者注：荷包牡丹的拉丁名已修订为 *Lamprocapnos spectabilis*。

匍茎通泉草
Mazus miquelii
通泉草科 日本

匍匐型
←5~10cm→
←60cm以上→

特征：植株较矮，仿佛地毯般覆盖地面。花朵娇小，花量大。花色有粉色、紫色、白色等颜色。
种植：适合种植在日照充足、稍微湿润的环境中。可以忍受一定程度的踩踏。

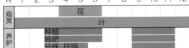

月	1	2	3	4	5	6	7	8	9	10	11	12
观赏					花							
					叶							
养护			种植									
			施肥									
			分株、扦插									

日本报春（九轮草）
Primula japonica
报春花科 日本

直立型
←40~80cm→
←30~40cm→

特征：花色鲜艳和风情并存的日本樱草。花朵呈阶梯状轮生，一如寺庙塔顶的九轮构造。
种植：喜爱稍微湿润的冷凉环境。夏季宜种植在避免阳光直射的区域，可以盆栽。

月	1	2	3	4	5	6	7	8	9	10	11	12
观赏					花							
					叶							
养护			种植									
			施肥	花后修剪								
			分株									

日本报春'苹果花'
Primula japonica 'Appleblossom'

日本报春的品种。如春天般明媚的樱花色，让种植区域也华丽起来。除此之外，还带有沁人心脾的香气。

地椒（伊吹麝香草）

Thymus quinquecostatus
唇形科 亚洲东部

 粉 绿 香

匍匐型

5~10cm
←60cm以上→

| 日照 全日照~半日照 | 耐寒性 | 耐热性 |
| 土壤 | 生命周期 普 | 生长速度 快 |

特征：百里香的一种。在亚洲东部自生。开花性良好，全部盛开时香气强烈。

种植：从山地到海岸广泛自生，耐热性、耐寒性、耐旱性非常好。日照充足处可粗放管理，生长良好。

月	1	2	3	4	5	6	7	8	9	10	11	12
观赏					花							
					叶							
养护		种植										
		施肥		花后修剪								
		分株										

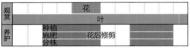

白花地椒

Thymus quinquecostatus Celak. f. *albiflorus*

开花性好，花期时植株仿佛被白雪覆盖般开放花朵。绿色叶片和白色花朵的组合清爽。习性强健，也适合作为铺面草。

绒毛卷耳

Cerastium tomentosum
石竹科 欧洲

匍匐型

10~20cm
←40~80cm→

 白 银

| 日照 全日照 | 耐寒性 | 耐热性 |
| 土壤 | 生命周期 普 | 生长速度 普 |

特征：长势强壮的银色叶片仿佛地毯一般广泛分布。花色雪白，朝上盛开，因此又名"夏雪草"。

种植：在高温、高湿环境中容易被闷烂，所以建议种植在较为干燥的斜坡等处。夏季适合在冷凉地区种植。

月	1	2	3	4	5	6	7	8	9	10	11	12
观赏					花							
					叶							
养护		种植										
		施肥										
		分株										

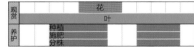

紫花野芝麻'灯塔银'

Lamium maculatum 'Beacon Silver'
唇形科 欧洲等地

匍匐型

↕10~15cm

←40~80cm→

日照 半日照　耐寒性　耐热性

土壤 普　生命周期 普　生长速度 快

特征：紫花野芝麻的斑叶品种。春季时花量较大，花期过后，美丽的叶片覆盖地面。

种植：阴处开花也很好，为了防止徒长，建议种植在半日照处。避免强光直射和干燥的区域。

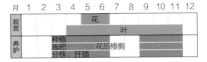

月	1	2	3	4	5	6	7	8	9	10	11	12
观赏					花							
					叶							
养护			种植									
			施肥		花后修剪							
			分株、扦插									

花叶野芝麻

Lamium galeobdolon
唇形科 欧洲等地

匍匐型

↕30~40cm

←60cm以上→

日照 全日照~半日照　耐寒性　耐热性

土壤 普　生命周期 长　生长速度 快

特征：茎干直立，开放黄色花朵。花期以外长出斑叶并匍匐向外生长。

种植：习性强健，有一定耐干旱和强光直射的能力。匍匐性较好，可以在大面积区域作为铺面草使用。

月	1	2	3	4	5	6	7	8	9	10	11	12
观赏					花							
					叶							
养护			种植									
			施肥		花后修剪							
			分株、扦插									

晚春

大戟属

阿尔巴尼亚大戟

Euphorbia characias subsp.*wulfenii*
大戟科 欧洲

黄 绿

直立型
↕80~120cm
↔50~70cm

日照 全日照 耐寒性 耐热性

土壤 稍干 生命周期 长 生长速度 普

特征：灰绿色的叶片整齐并排，美丽的大戟属的代表植物。在欧美非常普及。

种植：适宜种植在日照充足、较为干燥的地区。盆栽效果也很好。寒冷地带需要注意强霜天气。

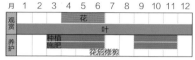

月	1	2	3	4	5	6	7	8	9	10	11	12
观赏					花							
						叶						
养护				种植 施肥								
					花后修剪							

不可分株

常绿大戟'黑珍珠'

Euphorbia characias 'Black Pearl'

常绿大戟的品种，因为黑色花色得名。植株直立、姿态独特，灰绿色的叶片富有魅力。这个系列需要在花后进行回剪来修整株型。

马丁尼大戟'爱斯科特的彩虹'

Euphorbia × martinii 'Ascot Rainbow'

马丁尼大戟的斑叶品种。这个系列的茎干容易出现红色，和叶片的黄色斑纹相融，色彩鲜明。株型较为紧凑。

圆苞大戟'火光'

Euphorbia griffithii 'Fire glow'
大戟科 不丹、中国等地

 橙 绿

直立型
↕60~90cm
←80~120cm→

日照 全日照	耐寒性 ❄	耐热性 ☀
土壤 普	生命周期 长	生长速度 快

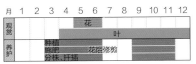

月	1	2	3	4	5	6	7	8	9	10	11	12
观赏					花							
					叶							
养护			种植									
			施肥	花后修剪								
			分株、扦插									

特征：圆苞大戟的优选品种。它的特征是有着鲜艳的橙色包叶。习性非常强健。
种植：适宜种植在日照充足、排水良好的区域。因地下茎分布广泛，宜种植在空间充足的区域。

马丁尼大戟'黑鸟'

Euphorbia × martinii 'Black Bird'

马丁尼大戟的品种。深褐色的叶片，整年都不会褪色。植株紧凑，姿态优美。花色为赤褐色。

甜味大戟'变色龙'

Euphorbia dulcis 'Chameleon'
大戟科 欧洲

 绿 棕

直立型
↕30~60cm
←50~80cm→

日照 全日照	耐寒性 ❄	耐热性 ☀
土壤 微干	生命周期 长	生长速度 普

月	1	2	3	4	5	6	7	8	9	10	11	12
观赏					花							
					叶							
养护			种植									
			施肥	花后修剪							回剪	
			分株、扦插									

扁桃叶大戟'紫色'

Euphorbia amygdaloides 'purpurea'

扁桃叶大戟的优选品种，从很久以前就有名气的品种。低温时叶片泛紫。花的黄色与叶色对比强烈。习性强健。

特征：'杜尔西斯'的优选品种。叶片为巧克力棕色，茎干细软。植株姿态呈拱形状。
种植：适宜种植在稍微干燥、日照充足的区域。落叶品种，所以在叶片变红掉落后，需要重剪到茎干底部。

岩生肥皂草

Saponaria ocymoides
石竹科 欧洲

粉 绿

匍匐型

↕10~20cm
↔40~60cm

日照 全日照　耐寒性　耐热性

土壤 微干　生命周期 普　生长速度 普

特征：枝条匍匐横向伸长生长，像柔软的地毯一般铺陈开来。

种植：习性强健。适宜种植在日照充足、较为干燥的区域。岩石花园和小范围的覆盖均可应用。

月	1	2	3	4	5	6	7	8	9	10	11	12
观赏					花							
					叶							
养护		种植										
		施肥			花后修剪							
		分株、扦插										

岩生肥皂草'雪顶'

Saponaria ocymoides 'Snow Tip'
岩生肥皂草的白花品种。开花性能卓越，花期里整棵植株被白色所覆盖。喜阳，半日照区域种植时花量减少。

布谷蝇子草

Silene flos-cuculi

石竹科 欧洲

 粉 绿

直立型 ↕30~40cm ←20~30cm→

		日照 全日照~半日照	耐寒性	耐热性

 土壤 适中 生命周期 普 生长速度 普

月	1	2	3	4	5	6	7	8	9	10	11	12
观赏					花							
					叶							
养护		种植										
		施肥		花后修剪								
		分株										

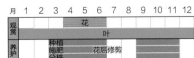

特征：欧洲的本土品种，在稍微湿润的牧场草地和路边自生。

种植：不耐干旱，适合种植在稍微湿润、明亮的半日照区域。可以通过种子自播繁殖。

布谷蝇子草'白色罗宾'

Silene flos-cuculi 'White Robin'

布谷蝇子草的白花品种。植株生长广泛，可以通过种子自播群生。叶片生长在植株的低处，花期时数量众多的花朵会在花茎处一齐朝上开放。

布谷蝇子草'詹妮'

Silene flos-cuculi 'Jenny'

布谷蝇子草的重瓣品种。细细的花瓣密重叠，变成大量的绒球花。比原种生长繁殖更慢。

羽瓣石竹（龙田抚子）
Dianthus plumarius
石竹科 欧洲、西伯利亚

山丘型

 粉　银

↕15~25cm
←30~50cm→

 日照 全日照　 耐寒性　 耐热性

 土壤 喜干　 生命周期 长　 生长速度 普

特征：银灰色的叶片密生。明亮的淡粉色花大量开放。

种植：生长较为缓慢，但是生性强健，年年长大。讨厌高温、高湿的环境，因此建议种植在日照充足、较为干燥的区域。

月	1	2	3	4	5	6	7	8	9	10	11	12
观赏					花							
					叶							
养护		种植										
		施肥		花后修剪								
		分株										

须苞石竹 '烟煤'
Dianthus barbatus nigrescens 'Sooty'
石竹科 欧洲、西伯利亚

直立型

 红　绿

↕30~40cm
←30~40cm→

 日照 全日照　 耐寒性　 耐热性

 土壤 普　 生命周期 短　 生长速度 普

特征：也被称为美国石竹、美女石竹。花色红到发黑，叶色也深。

种植：注意高湿的环境，种植时需保持日照充足、排水良好。户外种植时经历过低温，花量会更多。

月	1	2	3	4	5	6	7	8	9	10	11	12
观赏					花							
					叶							
养护		种植										
		施肥		花后修剪								
		分株										

石竹手鞠球
Dianthus barbatus

须苞石竹的品种之一。花朵退化到看不见，但细细的花叶密集生长如球状，非常有意思的植物。作为切花也有很高的人气。

深红石竹

Dianthus cruentus

石竹科 巴尔干半岛

 红 绿

直立型

↕30~50cm
←30~40cm→

| 日照 全日照 | 耐寒性 | 耐热性 普 |
| 土壤 微干 | 生命周期 短 | 生长速度 慢 |

特征：原种的石竹。低矮茂密的植株里伸出细长的花茎，红色小花密集开放。

种植：叶片短小密生，需要注意通风。适宜种植在较为干燥、日照充足的区域。生长较为缓慢的小型石竹品种。

月	1	2	3	4	5	6	7	8	9	10	11	12
观赏				花								
					叶							
养护			种植									
			施肥		花后修剪							
			分株									

克那贝石竹

Dianthus knappii

石竹科 欧洲

 黄 绿

直立型

↕20~30cm
←20~30cm→

| 日照 全日照 | 耐寒性 | 耐热性 普 |
| 土壤 普 | 生命周期 短 | 生长速度 慢 |

特征：在日本又叫萤火虫石竹。和名字一样，黄色小花盛开，仿佛在跳舞狂欢。可爱的小型原种。

种植：适宜种植在日照充足、排水良好的区域。为了避免徒长，不要过度施肥，花后早日回剪。

少女石竹'北极火'

Dianthus deltoides 'Arctic Fire'

石竹科 欧洲

 其他 绿

山丘型

↕15~25cm
←20~40cm→

| 日照 全日照 | 耐寒性 | 耐热性 |
| 土壤 微干 | 生命周期 短 | 生长速度 普 |

特征：非常小的花朵群开，少女石竹的品种之一。开放数不清的白底红心的小花。

种植：在高温、高湿的环境中长势较弱，在酷热地带多作一年生植物。保持良好的通风、排水和充足的日照种植。

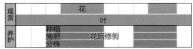

月	1	2	3	4	5	6	7	8	9	10	11	12
观赏				花								
					叶							
养护			种植									
			施肥		花后修剪							
			分株									

月	1	2	3	4	5	6	7	8	9	10	11	12
观赏				花								
					叶							
养护			种植									
			施肥		花后修剪							
			分株									

葱属

大花葱

Allium giganteum
石蒜科 欧亚大陆、非洲等地

个性型
↕80~120cm
↔40~60cm

紫 绿

日照 全日照　耐寒性 ❄　耐热性 ☀

土壤 稍干　生命周期 普　生长速度 普

特征：花朵较大，花茎较细，看上去就像花朵飘浮在空中一样。若在花园的后方和低矮的草花组合种植，可打造出富有动感的花境。在欧洲特别受欢迎，许多场景都会使用它。作为切花也很受欢迎。

种植：种植在日照充足、排水良好的区域。不耐旱，长时间处于湿润环境中容易导致其腐烂。喜冷凉气候，夏季冷凉地区可粗放管理，但是在较为温暖的地区，地温上升前就要遮阴养护。适合秋天种植。用石灰等弱碱性物质来中和土壤，春天开花时花朵如果已经开始褪色，可以早早剪掉花茎。如果结种子的话，有可能导致来年不开花。夏季叶片逐渐枯萎，但为了养球根，尽可能保留叶片。如果地区合适的话，可以种植好几年也不会退化。

月	1	2	3	4	5	6	7	8	9	10	11	12
观赏					花							
					叶							
养护			种植									
	施肥				花后修剪							
									分株		

长柄韭'白色巨人'

Allium stipitatum 'White Giant'

长柄韭的白色大花改良品种。比大花葱小，但可以开大花。特征是具有长长的花茎。

北葱

Allium schoenoprasum

又名虾夷葱，可食用。绒毛状的花大量盛开时具有较高的观赏价值。习性强健。

保加利亚蜜腺韭

Nectaroscordum siculum subsp. *Bulgaricum*

在土耳其、保加利亚自生。复色花，呈吊钟形开放。耐寒性、耐热性强，可粗放管理。花葱的近亲，可作为选育的备选对象。

花葱'优雅'

Allium amplectens 'Graceful'

窄叶花葱的优选品种。白色小花映衬着紫色雄蕊，极具特色。能开小花的小型花葱。

黄花茗葱

Allium moly

在地中海沿岸自生的黄花原种。叶片紧凑，开着星形的花朵。在欧洲可供食用和药用。

厚叶福禄考'比利面包师'

Phlox carolina 'Bill Baker'
花葱科　美洲东部

粉　绿

直立型

↕30~40cm
←40~80cm→

日照 全日照　耐寒性 ❄　耐热性 ☀

土壤 ❀　生命周期 普　生长速度 普

特征：厚叶福禄考的园艺品种。习性强健，群生，成片开花。

种植：适宜种植在日照充足、排水良好处。如果勤快点，及时摘除开败的花，可以使花期持续3个月。

月	1	2	3	4	5	6	7	8	9	10	11	12
观赏				花								
				叶								
养护			种植									
			施肥	花后修剪								
			分株、扦插									

福禄考属

草原福禄考

Phlox pilosa
花葱科　美洲

粉　绿

直立型

↕20~30cm
←40~60cm→

日照 全日照　耐寒性 ❄　耐热性 普

土壤 普　生命周期 普　生长速度 普

特征：原产于美洲的小型福禄考。茎干柔软，樱花色的花朵在风中摇曳，惹人怜惜。

种植：喜日照充足、排水良好的环境。不喜高温、高湿，须保证良好的通风。

月	1	2	3	4	5	6	7	8	9	10	11	12
观赏				花								
				叶								
养护			种植									
			施肥	花后修剪								
			分株、扦插									

福禄考'不定蓝'

Phlox 'Moody Blue'

草原福禄考的杂交种，淡淡的蓝色花上带有红心。生长较慢，但花色美丽，受人欢迎。

林地福禄考'白色芳香'

Phlox divaricata 'White Perfume'
花葱科 加拿大

直立型
←15~30cm→
←40~60cm→

  香

特征：林地福禄考的园艺品种。茎叶纤细柔软。花量大且带有香气。

种植：适宜种植在日照充足、排水良好处。虽然会少量扩散生长，但不会过度蔓延。

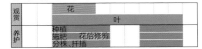

月	1	2	3	4	5	6	7	8	9	10	11	12
观赏			花									
				叶								
养护			种植									
			施肥	花后修剪								
			分株、扦插									

林地福禄考'蓝色芳香'

Phlox divaricata 'Blue Perfume'('Clouds of Perfume')

花期时整棵植株被淡蓝色小花所覆盖，盛开时有好闻的香气。耐寒性、耐热性强，不挑土质，习性强健。

林地福禄考'蒙特罗斯三色'

Phlox divaricata 'Montrose Tricolor'

林地福禄考的品种之一。叶片带白边，随季节变化可能会呈粉白色。粉笔画般的花色和叶色组合十分美丽。花香馥郁。

芍药

Paeonia lactiflora
芍药科 中国、西伯利亚

直立型
60~120cm
40~70cm

日照 全日照~半日照　耐寒性　耐热性

土壤 普　生命周期 长　生长速度 普

特征：和牡丹是同属植物。和木质化的牡丹相比，芍药为草本植物，冬季会落叶、休眠。耐寒性、耐热性非常好，不难管理，但为了开出漂亮的花朵，须进行杂交。常被当作牡丹的砧木所使用。

种植：适宜种植在日照充足、排水良好处，盆栽也可以。日照不足则花量减少。土壤需要一定肥力，应适当给点肥料。花后结种前摘除残花，保存营养，为度夏做准备。高湿的环境下容易发病，需要保持良好的通风，必要时采取预防措施，进行杀菌消毒。植株较大，在夏秋时把稍弱的芽点去除，留下长势良好的芽点，来年开花更容易。并且，老株可以在秋季进行分株更新，复壮。冬季来临前定植，地栽也可以越冬。非常冷时也可以粗放管理。

芍药‘牡丹兢’

月	1	2	3	4	5	6	7	8	9	10	11	12
观赏					花							
					叶							
养护		种植										
		施肥										
				花后修剪				分株				

芍药‘花筏’

芍药‘玉貌’

52

高加索蓝盆花'完美'

Scabiosa caucasica 'Perfecta'
忍冬科 高加索

直立型

↕40~60cm
←20~40cm→

| 日照 全日照~半日照 | 耐寒性 | 耐热性 |

| 土壤 | 生命周期 长 | 生长速度 普 |

特征：原产于高加索的大花。就算是单瓣，也足够吸睛。作为切花也很受人欢迎。

种植：高温、高湿地区生长困难，温暖地区常作一年生植物种植。在排水良好、遮阴处有可能度夏。

月	1	2	3	4	5	6	7	8	9	10	11	12
观赏				花								
				叶								
养护		种植										
		施肥		花后修剪								
					分株							

白及（紫兰）

Bletilla striata
兰科 日本

直立型

↕40~60cm
←40~80cm→

| 日照 全日照~半日照 | 耐寒性 | 耐热性 |

| 土壤 普 | 生命周期 长 | 生长速度 普 |

特征：日本的野生兰花，习性强健。庭院栽种、盆栽等用途广泛，可粗放管理。

种植：日照充足到半日照处都能生长良好。温暖地区夏季放置在半日照处，寒冷地区冬季注意防寒。

月	1	2	3	4	5	6	7	8	9	10	11	12
观赏				花								
				叶								
养护		种植										
		施肥		花后修剪								
					分株							

高加索蓝盆花'白色女王'

Scabiosa caucasica 'White Queen'

白色大花，非常美丽的高加索蓝盆花品种。开花后早日摘除可延长花期。不耐热，夏季需要在较为凉爽处进行养护。

多叶羽扇豆
Lupinus micranths hybrid
豆科 北美洲

粉 红 紫 蓝 橙
黄 白 桃 其他 绿

直立型
←60~120cm→
←40~80cm→

日照 全日照~半日照　耐寒性　耐热性

土壤 普　生命周期 短　生长速度 快

特征：在温暖地区作一年生草本植物，但在寒冷地区越夏则容易长成大株。

种植：适宜种植在日照充足、排水良好处。耐寒性强，在秋天种植比较好。

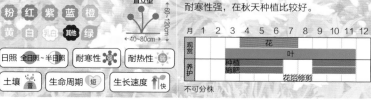

月	1	2	3	4	5	6	7	8	9	10	11	12
观赏					花							
						叶						
养护			种植									
			施肥									
					花后修剪							

不可分株

54

柔毛羽衣草

Alchemilla mollis

蔷薇科 欧洲

山丘型
↕30~50cm
←60~90cm→

特征：带毛的宽大叶片和黄色的花组合起来有自然的美感。常用作香草。

种植：寒冷地区需要全日照；温暖地区需要注意叶片灼伤，建议种植在半日照区域。种植环境需要避免高湿，保持良好的通风。

| 日照 全日照~半日照 | 耐寒性 | 耐热性 |
| 土壤 普 | 生命周期 长 | 生长速度 普 |

月	1	2	3	4	5	6	7	8	9	10	11	12
观赏				花								
				叶								
养护			种植									
			施肥	花后修剪								
			分株									

小冠花

Coronilla varia

豆科 欧洲

山丘型
↕30~50cm
←80~150cm→

| 日照 全日照 | 耐寒性 | 耐热性 |
| 土壤 微干 | 生命周期 普 | 生长速度 快 |

特征：成片盛开的小花如玉般美丽。原来被当作牧草广泛种植。

种植：喜欢日照充足处，耐寒性、耐热性强，耐旱性也很好。不挑土质。需要通过间苗来限制其徒长。

月	1	2	3	4	5	6	7	8	9	10	11	12
观赏				花								
				叶								
养护			种植									
				花后修剪								
			分株									

不要施肥

译者注：小冠花的拉丁名已修订为 *Securigera varia*。

初 夏

Early Summer

初夏，和晚春一样，都是宿根植物异彩纷呈的季节。

罂粟葵

Callirhoe involucrata

锦葵科 北美洲

匍匐型
←10~20cm→
←40~60cm→

 红 绿

 日照 全日照 ｜ 耐寒性 ｜ 耐热性

 土壤 普 ｜ 生命周期 普 ｜ 生长速度 普

特征：匍匐生长，分布广泛。鲜艳的花色在锦葵科植物中非常鲜见。

种植：耐寒性强，有一定的耐热和耐旱能力，讨厌高温、高湿环境。会朝着有阳光的一面生长。

月	1	2	3	4	5	6	7	8	9	10	11	12
观赏						花						
				叶								
养护		种植										
		施肥			花后修剪							
		分株、扦插										

美丽月见草

Oenothera speciosa

柳叶菜科 美洲

直立型
←20~40cm→
←30~60cm→

 粉 绿

 日照 全日照 ｜ 耐寒性 ｜ 耐热性

 土壤 普 ｜ 生命周期 普 ｜ 生长速度 快

月	1	2	3	4	5	6	7	8	9	10	11	12
观赏						花						
					叶							
养护		种植										
		施肥			花后修剪							
		分株										

特征：别名昼开月见草。可以通过地下茎和自播繁殖群生，成片盛开。在贫瘠土地中也能生长良好。

种植：适宜种植在日照充足、容易干燥的区域。日照不足和土地肥沃会导致其徒长，花量减少。

柳兰
Epilobium angustifolium
柳叶菜科 日本

直立型

↕80~120cm
↔40~60cm

 粉 绿

日照 全日照~半日照 | 耐寒性 | 耐热性

土壤 普 | 生命周期 普 | 生长速度 普

特征：给人以特别清爽印象的高原开花植物。在海拔高的寒冷地区特别容易群生，能遇到柳兰群开，是一件特别美好的事情。

种植：需要在排水、通风、日照良好的环境中种植，夏季时种植在半日照凉爽的环境中即可，夏季较为炎热的地区也可度夏。

月	1	2	3	4	5	6	7	8	9	10	11	12
观赏						花						
						叶						
养护			种植									
			施肥				花后修剪					
								分株				

砖红蔓赛葵
Malvastrum lateritium
锦葵科 南美洲

匍匐型

↕15~25cm
↔60~80cm

 橙 绿

日照 全日照 | 耐寒性 | 耐热性

土壤 普 | 生命周期 普 | 生长速度 普

特征：茎干横向匍匐生长，淡橙色的圆瓣花大量开放。耐热性强。

种植：适宜种植在日照充足、排水良好处。匍匐伸出的枝条也会长出根系，容易大面积分布。

月	1	2	3	4	5	6	7	8	9	10	11	12
观赏						花						
						叶						
养护			种植									
			施肥		花后修剪							
			分株、扦插									

锦葵

Malva sylvestris
锦葵科 欧洲

直立型 ←80~150cm→ ←60~100cm→

 粉 绿 香

日照 全日照　耐寒性　耐热性

土壤 普　生命周期 长　生长速度 普

特征：植株高大。花朵作为香草茶原料而备受欢迎。

种植：适宜种植在日照充足、排水良好处。花后的修剪不需要花多少工夫，种植简单。

月	1	2	3	4	5	6	7	8	9	10	11	12
观赏					花							
					叶							
养护		种植										
		施肥			花后修剪							
		分株 扦插										

译者注：锦葵的拉丁名已修订为 *Malva cathayensis*。

锦葵'蓝色喷泉'

Malva sylvestris 'Blue Fountain'

锦葵的品种之一。淡蓝色花朵带紫色的条纹，花色美丽，受人欢迎。耐寒性、耐热性强，习性强健，但比原种生长稍慢。

麝香锦葵
Malva moschata
锦葵科 欧洲

直立型
↕40~60cm
←40~60cm→

粉　绿　香

日照 全日照　　耐寒性 ❄　　耐热性 ☀

土壤 普　　生命周期 普　　生长速度 普

特征：在日本因为花带有麝香而得其名，全株带有芳香。第二年可通过种子自播繁殖。

种植：讨厌高温、高湿环境，喜种植在日照充足、排水良好处。在冷凉地区生长茂盛，容易长成一片。

月	1	2	3	4	5	6	7	8	9	10	11	12
观赏					花							
					叶							
养护			种植									
			施肥			花后修剪						
			分株、扦插									

麝香锦葵'苹果花'
Malva moschata 'Appleblossom'

麝香锦葵的改良品种。花色比原种的更淡，是接近白色的淡粉色。开花性好，秋季复花性好、花量大。

麝香锦葵'阿尔巴'
Malva moschata 'Alba'

白花品种。初夏至盛夏时花量巨大，绿叶白花的组合显得十分清爽。常作香草使用。

山桃草属

山桃草 '如此白'

Gaura lindheimeri 'So White'

柳叶菜科　北美洲

白　绿

 日照 全日照　耐寒性　耐热性

 土壤　生命周期　生长速度　快

月	1	2	3	4	5	6	7	8	9	10	11	12
观赏								花				
						叶						
养护			种植・施肥									
			摘心			花后修剪					
			分株、扦插								

特征：山桃草的白花品种。和一般品种相比，花和花蕾带有红色，原种的花和花蕾均为白色，叶色为鲜明的绿色。虽然植株较高，但茎干挺立，有防倒伏的能力，种植在边境花园的后方也很不错。群植时十分漂亮。

种植：山桃草是耐热性强、耐寒性强、不挑土质的多年生草本植物。适宜种植在日照充足、排水良好处。如果种植在水分较多的肥沃土壤里，容易徒长倒伏，开花也会变弱。从初夏到冬季可一直开花，但为了持续开花，茎干会长高，需要进行适度修剪，否则整体株型会变乱。夏天在花有一定程度的开败后进行适当修剪，可以使其在秋天开放时姿态更加优美。气温在0℃以上时会一直开花，倒伏前需要重剪越冬。冬季常绿，在温暖地区甚至不落叶。

山桃草 '西斯库粉'

Gaura lindheimeri 'Siskiyou Pink'

优选品种花色较浓，是鲜艳的粉色。开花性好。和白花品种不同的是叶色较深，在低温时期会变成古铜色。

译者注：山桃草的拉丁名已修订为 *Oenothera lindheimeri*。

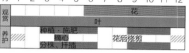

60

山桃草'贝恩斯童话'
Gaura lindheimeri 'Baynes Fairy'
柳叶菜科 北美洲

白 绿

日照 全日照 | 耐寒性 | 耐热性

土壤 普 | 生命周期 普 | 生长速度 快

特征：高度较低的改良品种。开花性好，姿态优美。稍带红色的白花品种。

种植：盛花期需要对残花进行一定程度的修剪。需要注意在高湿的环境中容易被闷到。

月	1	2	3	4	5	6	7	8	9	10	11	12
观赏							花					
					叶							
养护			种植·施肥					花后修剪				
			分株、扦插									

山桃草'仙女曲'
Gaura lindheimeri 'Fairy's Song'

高度较低的改良品种。生长较慢，容易养护。和其他品种相比，茎干更容易直立生长。花色呈淡粉色，叶片也带红色。

山桃草'夏日情绪'
Gaura lindheimeri 'Summer Emotions'

高度较低的改良品种。白花外侧稍带粉色包边，十分可爱。粉色花和白色花随机开放。

开满长叶婆婆纳的庭院

透克尔婆婆纳'蓝湖'

Veronica austriaca subsp. *teucrium*
'Crater Lake Blue'
车前科 欧洲

 蓝 绿

直立型
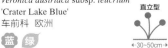
↕30~40cm
←30~50cm→

 日照 全日照　耐寒性 　耐热性

 土壤 普　生命周期 普　生长速度 慢

特征：奥地利婆婆纳的深色优选品种。细细的花茎一齐直立生长，开放深蓝色的花朵。

种植：适宜种植在日照充足、排水良好处。日照缺乏时容易徒长，花期需要修整周围的草花。

月	1	2	3	4	5	6	7	8	9	10	11	12
观赏					花							
				叶								
养护			种植·施肥									
					花后修剪				回剪		
			分株、扦插									

穗花婆婆纳'阿尔斯特蓝矮人'

Veronica spicata 'Ulster Blue Dwarf'

车前科 欧洲

 紫 绿

直立型

↕20~30cm
←20~30cm→

日照 全日照　耐寒性　耐热性
土壤 普　生命周期 普　生长速度 慢

特征：穗花婆婆纳的品种之一，习性强健。美丽花穗上小花密布，花开时十分美丽。

种植：讨厌湿润的环境，适宜种植在排水较好处。在有一定肥力的土壤中生长良好。

月	1	2	3	4	5	6	7	8	9	10	11	12
观赏					花							
					叶							
养护			种植·施肥									
				花后修剪							
			分株·扦插								

穗花婆婆纳'红狐狸'

红狐穗花　*Veronica spicata* 'Red Fox'

穗花婆婆纳的品种之一。多为小型种，大多花穗较短，但比原种花穗稍长，深玫瑰红的花色引人注目。

译者注：穗花婆婆纳的拉丁名已修订为 *Pseudolysimachion spicatum*。

长叶婆婆纳

鬼儿尾苗　*Veronica longifolia*
车前科　欧洲

紫　**绿**

直立型
60~80cm
←40~60cm→

日照 全日照	耐寒性	耐热性

土壤 普	生命周期 普	生长速度 普

特征：欧洲产的大型种。高度较高，随着植株冠幅的增加观赏性更佳。习性强健。

种植：适宜种植在排水较好处。花期生长较快，水分容易变少，需要注意及时给水。

月	1	2	3	4	5	6	7	8	9	10	11	12
观赏						花						
						叶						
养护			种植·施肥									
					花后修剪							
			分株·扦插									

长叶婆婆纳'阿尔巴'

Veronica longifolia 'Alba'

长叶婆婆纳的品种之一。纯白的花渐次挺立开放，十分美丽。花后早些回剪，让植株及时休养生息。

长叶婆婆纳'夏洛特'

Veronica longifolia 'Charlott'

长叶婆婆纳的斑叶品种。淡绿色叶片中带有白色锦斑，和白花的组合十分优美，给酷暑季节带来清凉感。

长叶婆婆纳'粉色阴影'

Veronica longifolia 'Pink Shades'

长叶婆婆纳的品种之一，淡粉色的花惹人怜惜。茎干非常挺立，花期的姿态也很优美。比原种更抗白粉病。

译者注：长叶婆婆纳的拉丁名已修订为 *Pseudolysimachion longifolium*。

毛地黄钓钟柳'胡思科红'

Penstemon digitalis 'Husker Red'
车前科 北美洲

直立型

月	1	2	3	4	5	6	7	8	9	10	11	12
观赏					花							
						叶						
养护			种植·施肥									
					花后修剪							
			分株									

特征：耐热性、耐寒性强，耐干旱，非常强健。钓钟柳属植物中特别容易种植的一种。其特征为叶片呈现棕色，春季发芽时为深紫色，和花朵的对比十分漂亮。花后结种，用种子生产切花也很有趣。随着植株生长年份的增加，在适合地区容易通过自播群生。由于是叶色为深色的优选品种，所以在自播时叶色有很大概率会出现返祖现象而呈现淡紫色。

种植：适宜种植在日照充足、排水良好处。有一定程度的耐阴能力，但日照不足会使叶色变浅，也需要注意徒长问题。比较耐旱，潮湿处生长较弱。可以在贫瘠的土地中栽种，但数年后植株衰弱则需要通过分株来种植。不需要过多的肥料，花后及时修剪即可，不需要多加关照。冬季也能观赏叶片。

异叶钓钟柳'电力蓝'

Penstemon heterophyllus 'Electric Blue'
车前科 北美洲

 直立型

 蓝 绿

↕30~50cm
←20~40cm→

特征：异叶钓钟柳的优选品种。通透的蓝色花为其特征。株型紧凑，植株较矮。

种植：在高温、高湿的环境中生长较弱，在温暖地区常作一年生草本植物。适宜种植在通风、排水较好处。

月	1	2	3	4	5	6	7	8	9	10	11	12
观赏					花							
				叶								
养护			种植·施肥									
				花后修剪								
			分株									

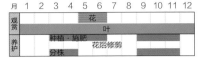

红花钓钟柳

Penstemon barbatus
车前科 北美洲

直立型

 红 绿

↕60~100cm
←30~50cm→

特征：主要在美国西部自生的原种。2cm 左右的红色花朵非常醒目，开花性非常好。大株会开放数不清的花朵，在日本也被称为柳丁字（**ヤナギチョウジ**），从古时就很受欢迎。也有更红的优选品种和花色偏淡的植株。

种植：耐寒性、耐热性好。适宜种植在日照充足处。讨厌高温、高湿、不容易干燥的环境。日照缺乏时生长阻滞，根系也会受到影响。和其他钓钟柳属植物相比更加喜肥，添加缓释肥可以使其生长得更好。经过数年，植株长势变弱，可以通过分株来更新。分株时，分得越大越好。

月	1	2	3	4	5	6	7	8	9	10	11	12
观赏					花							
				叶								
养护			种植·施肥									
				花后修剪								
			分株									

钓钟柳'黑鸟'

Penstemon 'Blackbird'
车前科 园艺品种

直立型
←60~80cm→
←30~50cm→

日照 全日照　耐寒性 ❄　耐热性 ☀

土壤 普　生命周期 普　生长速度 普

特征：钟花钓钟柳的杂交种。长长的花茎上点缀着鲜艳的花朵，垂吊下来。

种植：适宜种植在日照充足、排水良好处。冬季依旧保持常绿，耐寒性一般，所以极其寒冷的地区需要做好防寒措施。

月	1	2	3	4	5	6	7	8	9	10	11	12
观赏					花							
					叶							
养护			种植·施肥									
					花后修剪							
			分株									

大花钓钟柳

Penstemon grandiflorus
车前科 北美洲

直立型
←60~100cm→
←30~50cm→

日照 全日照　耐寒性 ❄　耐热性 ☀

土壤 普　生命周期 普　生长速度 慢

特征：产自北美洲的原种。恰如其名，开大花。和叶片搭配起来很美丽。

种植：耐旱性好，适宜种植在日照充足处或者岩石花园里。需要避开潮湿、阴处。生长较慢。

月	1	2	3	4	5	6	7	8	9	10	11	12
观赏					花							
					叶							
养护			种植·施肥									
					花后修剪							
			分株									

斯马利钓钟柳
Penstemon smallii
车前科 北美洲

直立型 40~60cm
←40~60cm→

 紫 绿

 日照 全日照　耐寒性 ❋　耐热性 ⊕

 土壤 普　生命周期 普　生长速度 普

特征：外侧呈淡紫色，内侧呈白色的双色花。
花朵直立，株型优美，习性强健，容易管理。
种植：适宜种植在日照充足、排水良好处。
与其他品种相比，较耐阴、耐湿。

月	1	2	3	4	5	6	7	8	9	10	11	12
观赏					花							
						叶						
养护			种植·施肥									
					花后修剪							
			分株									

天蓝尖瓣藤'蓝星'
Oxypetalum coeruleum (Tweedia coerulea)
'Blue Star'
夹竹桃科 南美洲

直立型 60~100cm
←40~60cm→

 蓝 绿

 日照 全日照　耐寒性 ❋　耐热性 ⊕

 土壤 微干　生命周期 普　生长速度 普

特征：淡蓝色的星形花，花期长，可四季开花。
花色美丽，作为切花也很受欢迎。
种植：谨防高温、高湿，养护时宜保持干燥。
花后留下根部以上的几个茎节，其余重剪，
整理姿态。较为寒冷的地区冬季收入室内，
采取防寒措施。

月	1	2	3	4	5	6	7	8	9	10	11	12
观赏					花							
					叶							
养护		种植										
		摘心	施肥	花后修剪				花后修剪			
			分株、扦插								

不列颠柳穿鱼

Linaria purpurea
车前科 地中海沿岸

 紫　绿

直立型
←30~50cm→　60~100cm

日照 全日照　耐寒性 　耐热性

土壤　生命周期 短　生长速度 普

特征：原种的柳穿鱼，绿色的叶片和高高伸长的茎干极具特征。种植范围广，受欢迎。

种植：喜欢生长在较为干燥的石灰质地区。在合适地区生长的第二年，可以通过自播繁殖。

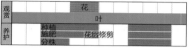

月	1	2	3	4	5	6	7	8	9	10	11	12
观赏					花							
					叶							
养护			种植									
			施肥		花后修剪							
			分株									

不列颠柳穿鱼'佳能温特'
Linaria purpurea 'Canon J Went'

茎干高高伸长，开放令人怜惜的樱花色花朵，与灰绿色叶片的搭配很和谐。和原种（紫色）相比，不容易自播繁殖。

不列颠柳穿鱼'阿尔巴'
Linaria purpurea 'Alba'

白花品种，比原种（紫色）花期更长。四季开花，花后修剪可再开。不容易自播繁殖。

无毛伤愈草
Jasione laevis
桔梗科 欧洲

直立型
15~25cm
←20~40cm→

蓝 绿

| 日照 全日照~半日照 | 耐寒性 ❄ | 耐热性 🌡 |

| 土壤 普 | 生命周期 短 | 生长速度 慢 |

特征：美丽的蓝色球状多年生草本植物。叶片生长较矮。在温暖地区也作一年生、二年生草本植物栽培。

种植：有高山性，避免高温、高湿环境。可作为岩石花园植物。在温暖地区度夏需要遮阴。

月	1	2	3	4	5	6	7	8	9	10	11	12
观赏					花							
					叶							
养护		种植										
		施肥		花后修剪								
		分株										

距药草'雪云'
Centranthus ruber 'Snowcloud'

距药草的品种之一。簇生白花盛开呈伞状。在月季的盛花期开花，可栽培在月季下方作为点缀草花。

距药草
Centranthus ruber
忍冬科 南欧

直立型
40~60cm
←40~60cm→

红 绿

| 日照 全日照~半日照 | 耐寒性 ❄ | 耐热性 🌡 |

| 土壤 微干 | 生命周期 普 | 生长速度 普 |

特征：伞房状的红色小花成片开放，十分漂亮。花朵带有淡香，可作切花。

种植：适宜种植在日照充足、排水良好处。可通过种子自播繁殖。冬季也常绿，过冬叶片呈现红色。

月	1	2	3	4	5	6	7	8	9	10	11	12
观赏					花							
				叶								
养护		种植·施肥										
					花后修剪							
			分株、扦插									

Early Summer 初夏

菜蓟
Cynara scolymus
菊科 地中海沿岸

 紫 绿

个性型
1~2m
←0.8~1.5m→

| 日照 全日照 | 耐寒性 ❄ | 耐热性 ☀ |

| 土壤 微干 | 生命周期 ♥ | 生长速度 普 |

特征：株型高大。花朵较大，富有冲击力。花蕾可食用，作为香草也很有名。
种植：适宜种植在日照充足、排水良好处。不喜欢日照不足和湿润的环境、旱地。

月	1	2	3	4	5	6	7	8	9	10	11	12
观赏					花							
				叶								
养护		种植·施肥										
							花后修剪					
		分株										

棱茎半边莲
Lobelia angulata
桔梗科 新西兰

匍匐型
3-5cm
←60cm以上→

白 绿

| 日照 全日照~半日照 | 耐寒性 ❄ | 耐热性 ☀ |

| 土壤 普 | 生命周期 ♥ | 生长速度 普 |

特征：小叶如地毯状铺开生长，白色小花大量开放。花期较长，可重复开放。
种植：喜欢充足的日照，但要避免灼伤叶片。夏季种植在阴处较好。注意避开高温、高湿的环境，保持良好的通风。

月	1	2	3	4	5	6	7	8	9	10	11	12
观赏					花							
				叶								
养护		种植										
		施肥										
		分株、扦插										

蓍草'赤陶'
Achillea millefolium 'Terra Cotta'

干叶蓍的品种之一。花初开时为黄色，随着开放逐渐变为橙色，后转为土红色。银灰色的叶片也具有观赏性。

蓍草
Achillea millefolium
菊科 欧洲

直立型

←60~120cm→ ↕50~80cm

 白 绿

 日照 全日照　耐寒性 　耐热性

土壤 　生命周期 长　生长速度 快

特征：西洋蓍草品种众多，有各种各样的园艺品种，花色也丰富。在欧洲，蓍草常被叫作多叶蓍，既可作为观赏植物，也可作为药用香草。耐热性、耐寒性好，非常适合日本的气候，故在日本蓍草之名也是家喻户晓的。地下茎分根繁殖和自播繁殖生长快，所以种植范围广，近年来也有优秀的小型品种。

种植：习性极其强健，地栽可粗放管理。适宜种植在日照充足、通风好、稍微干燥的区域。日照不足时容易徒长，开花性变差。如果环境合适的话，地下茎和种子自播范围广，可成片开花。对肥料的需求低，可以在较为贫瘠的土地生长。相反，较为肥沃的土壤更容易让其徒长，叶片过于茂盛，花量减少。

月	1	2	3	4	5	6	7	8	9	10	11	12
观赏						花						
					叶							
养护		种植·施肥					花后修剪					
	分株、扦插											

蓍草'桃色诱惑'
Achillea millefolium 'Peachy Seduction'

高度较矮，开花性好的改良品种。花朵成片开放，姿态优美。初开时为粉色，慢慢带上黄色，最后变成杏色。

重瓣蓍'贵族'
Achillea ptarmica fl.pl. 'Noblessa'

欧洲、北美洲自生的重瓣蓍的改良品种。如玉般美丽的重瓣花，高度较矮，开花性好。

桃叶风铃草

桃叶桔梗　*Campanula persicifolia*
桔梗科　欧洲

直立型
60~100cm
30~50cm

紫　绿

日照 全日照~半日照　耐寒性　耐热性

土壤 普　生命周期 普　生长速度 普

特征：植株较高，开大花。杯状花十分美丽，也可作切花使用。

种植：适宜种植在日照充足至半日照处。讨厌高温、高湿，需要排水、通风较好的环境。

风铃草属

月	1	2	3	4	5	6	7	8	9	10	11	12
观赏					花							
						叶						
养护			种植·施肥									
						花后修剪						
			分株									

桃叶风铃草'阿尔巴'

Campanula persicifolia 'Alba'

形状优美的杯状花，通透的白色花。开花需要一定的时间积累养分，露天越冬种植更有利于植株积累养分，更利于开花。

聚花风铃草

八代草　*Campanula glomerata*
桔梗科　欧亚大陆北温带

直立型
50~80cm
40~60cm

紫　绿

日照 全日照~半日照　耐寒性　耐热性

土壤 普　生命周期 普　生长速度 普

特征：花朵好似铃铛般盛开。从日本到欧洲都有广泛自生。

种植：喜欢日照充足、排水良好的石灰质地区。在温暖地区，夏季种植在半日照处较好。

月	1	2	3	4	5	6	7	8	9	10	11	12
观赏						花						
						叶						
养护			种植·施肥									
						花后修剪						
			分株									

裂檐花状风铃草

Campanula rapunculoides
桔梗科 欧洲

 紫 绿

直立型
 80~120cm
40~80cm

 日照 全日照~ 半日照 耐寒性 耐热性

土壤 普 生命周期 普 生长速度 普

特征：大型的原种。植株较高，花茎上开放成串的花。在冷凉地区生长良好。

种植：喜日照充足的环境，讨厌干旱。温暖地区保持良好的通风，夏季需要遮阴。

月	1	2	3	4	5	6	7	8	9	10	11	12
观赏					花							
			叶									
养护	种植·施肥					花后修剪						
	分株											

葱芥叶风铃草

象牙、铃铛　*Campanula alliariifolia*
桔梗科 高加索、土耳其

 白 绿

直立型
 30~40cm
20~40cm

 日照 全日照~ 半日照 耐寒性 耐热性

土壤 普 生命周期 普 生长速度 普

特征：风铃草中的小型品种。开花性好，花朵姿态端正。习性强健，容易种植。

种植：有一定的耐热性，在温暖地区也可以种植。全日照到半日照环境都可生长，需要注意避免高湿环境。

月	1	2	3	4	5	6	7	8	9	10	11	12
观赏					花							
			叶									
养护	种植·施肥					花后修剪						
	分株											

阔叶风铃草

乳白风铃花 *Campanula lactiflora*
桔梗科 高加索、土耳其

紫 绿

直立型
↕80~150cm
↔40~80cm

日照 全日照~半日照　耐寒性　耐热性 普

土壤 普　生命周期 普　生长速度 普

特征：植株挺立的大型原种。高高伸长的花茎上密布小花。

种植：适宜种植在日照充足、排水良好处。植株生长过密容易导致潮湿闷热，继而生长变弱，所以种植时最好不要混种。

月	1	2	3	4	5	6	7	8	9	10	11	12
观赏							花					
					叶							
养护			种植·施肥									
						花后修剪						
		分株										

风铃草'萨拉斯托'
Campanula 'Sarastro'
桔梗科 园艺品种

直立型

↕40~60cm
←40~60cm→

日照 全日照~半日照 | 耐寒性 | 耐热性

土壤 普 | 生命周期 普 | 生长速度 普

特征：紫斑风铃草和钟草叶风铃草的杂交种。习性比紫斑风铃草更强健，更容易培育。

种植：日照充足时开花性较好，植株更矮，观赏性佳。讨厌干旱，在温暖地区的夏季适合种植在半日照处。

月	1	2	3	4	5	6	7	8	9	10	11	12
观赏						花						
					叶							
养护		种植·施肥										
						花后修剪						
		分株										

圆叶风铃草
Campanula rotundifolia
桔梗科 欧洲、北美洲

直立型
↕10~20cm
←15~20cm→

日照 全日照~半日照 | 耐寒性 | 耐热性

土壤 普 | 生命周期 普 | 生长速度 普

特征：小型的风铃草。细细的茎干和娇小的风铃状花朵，令人怜惜。日本俗名为糸沙参。

种植：讨厌高温、高湿的环境，适宜种植在排水、通风较好处。喜欢日照充足，但在温暖地区的夏季适宜置于半日照处。

月	1	2	3	4	5	6	7	8	9	10	11	12
观赏						花						
				叶								
养护			种植·施肥									
						花后修剪						
			分株									

加勒比飞蓬 🎖

源平小菊　*Erigeron karvinskianus*

菊科　南美洲

匍匐型

↕15~30cm

↔40~60cm

白　绿

| 日照 全日照~半日照 | 耐寒性 | 耐热性 |
| 土壤 普 | 生命周期 普 | 生长速度 快 |

特征：株型较大，花可以从初夏一直开到初冬。白色小花绽放，十分可爱。

种植：开满花后强剪，可使下次开花时花的姿态美丽，开得好。喜日照充足、排水良好的环境，需要注意湿热的影响。

月	1	2	3	4	5	6	7	8	9	10	11	12
观赏								花				
							叶					
养护			种植·施肥									
						花后修剪						
			分株·扦插									

美丽飞蓬'天仙'

Erigeron speciosus 'Azure Fairy'

菊科　北美洲

直立型

↕30~60cm

↔30~50cm

紫　绿

| 日照 全日照 | 耐寒性 | 耐热性 普 |
| 土壤 普 | 生命周期 普 | 生长速度 普 |

特征：植株较高，株型类似于宿根翠菊。开放柔软的紫色绒球花。

种植：叶片密生，在高温、高湿的环境中生长较弱。适宜种植在日照充足、通风良好、排水性佳的环境中。

月	1	2	3	4	5	6	7	8	9	10	11	12
观赏					花							
					叶							
养护			种植·施肥									
					花后修剪							
			分株									

橙花飞蓬

橙花雏菊　*Erigeron aurantiacus*
菊科　土耳其斯坦

 橙　绿

直立型
↕20~40cm
←20~30cm→

| 日照 全日照 | 耐寒性 | 耐热性 |

| 土壤 普 | 生命周期 普 | 生长速度 普 |

月	1	2	3	4	5	6	7	8	9	10	11	12
观赏					花							
					叶							
养护		种植·施肥										
					花后修剪						
		分株										

特征：引人注目的鲜艳的橙花原种。植株有个体差异，也有深红色的花。
种植：小型种，地栽、盆栽皆可。在高温、高湿的环境中生长不良，适宜种植在日照充足、排水良好处。

果香菊'重瓣'

重瓣洋甘菊　*Chamaemelum nobile* 'Flore Pleno'
菊科　欧洲

 白　绿　香

匍匐型
↕10~20cm
←40~60cm→

| 日照 全日照 | 耐寒性 | 耐热性 |

| 土壤 微干 | 生命周期 普 | 生长速度 慢 |

月	1	2	3	4	5	6	7	8	9	10	11	12
观赏					花							
					叶							
养护			种植·施肥									
						花后修剪		回剪			
		分株·扦插										

特征：开放可爱的绒球花。匍匐生长，蔓延较广。
种植：怕高温、高湿，适宜种植在日照充足、排水较好的环境中。花后提早修剪，可以让植株充分再生长。

春黄菊

绀屋洋甘菊　*Anthemis tinctoria*
菊科　亚洲西部、欧洲

 黄　 银　 香

直立型
↕40~60cm
←60~80cm→

| 日照 全日照 | 耐寒性 | 耐热性 |

| 土壤 微干 | 生命周期 短 | 生长速度 快 |

月	1	2	3	4	5	6	7	8	9	10	11	12
观赏						花						
					叶							
养护		种植·施肥										
						花后修剪					
		分株·扦插										

特征：银灰色的叶片配上明亮的黄花十分美丽，远远地都能引人注目。也可作为染色植物使用。
种植：怕高温、高湿。在温暖地区多作二年生草本植物，如果保持良好的排水和通风，有可能度夏。

粉花千里光

粉色千里光　*Senecio polyodon*
菊科　南非

直立型
↕40~60cm
←30~50cm→

日照 全日照　耐寒性　耐热性

土壤 普　生命周期 普　生长速度 普

特征：细细的花茎伸长，渐次盛开非常小的花朵。花期长，容易和其他草花组合。

种植：讨厌湿润环境，适宜种植在排水、通风较好处。和其他花卉的组合虽然美丽，但需要避开混栽。

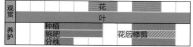

月	1	2	3	4	5	6	7	8	9	10	11	12
观赏						花						
						叶						
养护		种植										
		施肥						花后修剪			
		分株										

大丽花'午夜之月'

Dahlia 'Midnight Moon'
菊科　园艺品种

直立型
↕30~50cm
←30~50cm→

日照 全日照　耐寒性　耐热性

土壤 普　生命周期 普　生长速度 普

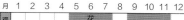

月	1	2	3	4	5	6	7	8	9	10	11	12
观赏						花						
						叶						
养护			种植									
		施肥				回剪					
		分株、扦插									

特征：黑色叶片映衬着黄花，对比美丽。花期长，回剪后可以继续开放。

种植：需要注意白粉病，适宜种植在日照充足、通风良好处。花后提早修剪、施肥。也可以用作组盆。

大丽花'黑蝶'
Dahlia 'Kokuchou'
菊科 园艺品种

 红 绿

直立型
↕ 80~120cm
← 50~80cm →

 日照 全日照 　耐寒性 　耐热性

 土壤 普 　生命周期 普 　生长速度 普

特征：球根大丽花中的知名品种。花形整齐，花朵较大，深红的花色沉着稳重，引人注意。
种植：讨厌高湿、日照不足的环境，适宜种植在日照充足、通风良好处。夏季回剪后秋季还会再开花。也可盆栽。

月	1	2	3	4	5	6	7	8	9	10	11	12
观赏					花							
					叶							
养护		种植										
		施肥					回剪				
								分株（增殖）				

琉璃菊
Stokesia laevis
菊科 北美洲

粉 紫 蓝 黄
白 〇 其他 绿

直立型
↕ 30~60cm
← 30~60cm →

日照 全日照~半日照 　耐寒性 　耐热性

 土壤 普 　生命周期 〇 　生长速度 普

特征：单朵都具有观赏性的大花，分枝上花朵渐次开放。花色丰富，作为切花也很受欢迎。
种植：适宜种植在日照充足处。地下茎广泛生长，在寒冷地区生长略微缓慢。

月	1	2	3	4	5	6	7	8	9	10	11	12
观赏							花					
					叶							
养护		种植										
		施肥						花后修剪			
		分株									

山矢车菊

Centaurea montana

菊科 欧洲

紫 绿

山丘型

↕30~50cm
←40~60cm→

日照 全日照	耐寒性 ❄	耐热性
土壤 微干	生命周期 普	生长速度 普

月	1	2	3	4	5	6	7	8	9	10	11	12
观赏					花							
					叶							
养护			种植									
			施肥		花后修剪							
			分株									

特征：在南欧的山岳地带自生。仿佛烟花般的花形美丽如斯。叶片上覆有茸毛。株型紧凑，花量大，为了能在月季的盛花期欣赏到它，常常把它种植在月季花园的底部。耐旱能力强，因此种植在容易变干的月季根部旁边是最合适的，但肥力较好容易导致叶片过于茂密，有花量减少的倾向，需要注意。

种植：耐寒性强，但在高温、高湿的环境中生长较弱，需要注意。在原生地多生长在半日照处，而在日本较长的雨期容易导致闷烂，为避免这种情况，适宜种植在日照充足、容易干燥处。从晚春开始开花，初夏迎来盛花期。这个时候，把开败的花朵提早摘除有利于延长花期。冬季，在温暖地区不落叶；在寒冷地区叶片大部分枯萎，留下中心的芽点，故把外侧的叶片去除比较好。

山矢车菊'黑色小精灵'

Centaurea montana 'Black Sprite'

花形优美，花朵直立，花色呈现黑褐色的品种。
和紫色的原种相比，花朵稍小，但开花性好，
可以大量开花。叶片稍细，呈现绿色。

山矢车菊'阿尔巴'

Centaurea montana 'Alba'

山矢车菊的白花品种。和紫色的原种相比，
生长稍缓慢。花色有个体差异，有纯白的花
色，也有花心稍带紫色的情况出现。

软毛矢车菊

Centaurea dealbata
菊科 欧洲

直立型
←40~70cm→ ↕50~80cm

日照 全日照~半日照　耐寒性 　耐热性

土壤 　生命周期 长　生长速度 普

特征：花茎挺立，如风车般的粉色花朵渐次开放。
习性强健，是生命周期较长的多年生草本植物。
种植：适合种植在日照充足、排水良好处，
能适应一定程度的干燥、湿润或半日照，极
好种植。

月	1	2	3	4	5	6	7	8	9	10	11	12
观赏					花							
				叶								
养护			种植									
			施肥	花后修剪								
			分株									

雪叶菊

粉灰尘之镜　*Centaurea gymnocarpa*
菊科　意大利

直立型

←60~100cm→

←50~80cm→

 粉　白

日照 全日照　耐寒性 🌟　耐热性 🔆

土壤 🔆　生命周期 💛 普　生长速度 🌱 普

特征：与银叶菊较为相似的品种。茎干木质化，姿态较为高大。开深粉色花。

种植：喜欢日照充足、较为干燥处。花后强剪也会良好生长。通过扦插繁殖。

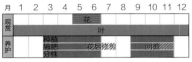

月	1	2	3	4	5	6	7	8	9	10	11	12
观赏					花							
					叶							
养护		种植 施肥 分株			花后修剪				回剪			

译者注：雪叶菊的拉丁名已修订为 *Centaurea cineraria*。

矢车菊'魔法银'

Centaurea candidissima 'Magic Silver'
菊科　意大利

山丘型

←30~50cm→

←20~40cm→

  黄　白

日照 全日照　耐寒性 🌟　耐热性 🔆

土壤 🔆　生命周期 💛　生长速度 🌱 普

特征：茎干不长，植株生长紧凑。叶片较宽，银白色，和花色组合起来十分美丽。

种植：茎干较短，叶片密集，容易闷烂，需要注意。受伤的叶片需要及时摘除。适宜种植在排水较好处。

月	1	2	3	4	5	6	7	8	9	10	11	12
观赏					花							
					叶							
养护		种植 施肥 分株			花后修剪							

矢车菊

Centaurea cyanus

菊科 欧洲

直立型

↕60~80cm
←30~60cm→

 日照 全日照　 耐寒性 　耐热性 弱

土壤 微干　生命周期 短　生长速度 快

特征：矢车菊很有名。花茎较高，作为切花也很受欢迎。花色丰富。

种植：主要作为一年生、二年生草本植物。喜欢日照充足、容易干燥处。在合适地区可通过种子自播繁殖。矢车菊实生苗种植也比较容易。

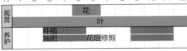

月	1	2	3	4	5	6	7	8	9	10	11	12
观赏					花							
				叶								
养护			种植									
			施肥	花后修剪								

不可分株

矢车菊'黑球'

Centaurea cyanus 'Black ball'

美丽的黑紫色矢车菊品种。姿态纤细，植株较高，容易和其他草花混栽，与淡色系的花组合起来引人注目。

草原松果菊'红色小矮人'

墨西哥帽子　*Ratibida column.f.pulch* 'Red Midget'
菊科　北美洲

直立型

↕40~60cm
←30~50cm→

红　绿

日照 全日照　耐寒性　耐热性

土壤 普　生命周期 普　生长速度 普

特征：细长花茎的顶端，开放着的花朵好像戴着帽子的小矮人般可爱。

种植：在草原的荒地里自生，土地较贫瘠时也可生长良好，肥力过高时容易徒长。适宜种植在日照充足、容易干燥处。

月	1	2	3	4	5	6	7	8	9	10	11	12
观赏							花					
					叶							
养护			种植									
			施肥				花后修剪					
			分株、扦插									

草原松果菊

蛇鞭菊'哥布林'

麒麟菊　*Liatris spicata* 'Goblin'
菊科　北美洲

直立型

↕40~50cm
←30~40cm→

紫　绿

日照 全日照~半日照　耐寒性　耐热性

土壤 普　生命周期 普　生长速度 普

月	1	2	3	4	5	6	7	8	9	10	11	12
观赏							花					
					叶							
养护			种植									
			施肥			花后修剪						
			分株									

特征：蛇鞭菊作为切花而被广为人知。本种为小花，开花性好，容易种植。

种植：适合种植在日照充足、排水良好处，能忍受一定程度的潮湿、干旱。花后早修剪，有利于植株复壮。

大滨菊'百老汇之光'

Leucanthemum × superbum 'Broadway Light'

菊科 园艺品种

直立型

←40~60cm→

↑40~60cm↓

特征：大滨菊的品种之一。淡淡的黄色花朵给人明亮的印象。植株挺立，花量大。

种植：习性强健，可以粗放管理。耐干旱，但高湿和日照不足会导致生长较为困难。花后要强剪。

日照 全日照　耐寒性　耐热性

土壤 普　生命周期 普　生长速度 普

月	1	2	3	4	5	6	7	8	9	10	11	12
观赏						花						
						叶						
养护			种植									
			施肥				花后修剪					
			分株、扦插									

大滨菊'老法庭'

Leucanthemum × superbum 'Old Court'

大滨菊的品种之一。纯白色花朵，细长的花瓣密生，开花美丽。也可作切花。相较其他品种生长略为缓慢，但是习性强健。

大滨菊'飘雪'

Leucanthemum × superbum 'Snow Drift'

大滨菊的实生品种之一。接近单瓣花，如绒球般开放，个体的差异非常有意思。一棵植株上的花形也可能不尽相同。

虾蟆花

Acanthus mollis
爵床科 地中海沿岸

 白 绿

个性型
↕80~150cm
←80~150cm→

日照 全日照~半日照　耐寒性 耐热性

土壤 普　生命周期 长　生长速度 普

特征：有光泽感的大叶片和高大雄伟的花朵非常有存在感。可以种植在花境后方。

种植：日照充足时开花较好，同时也需要防止叶片被灼伤。耐寒性虽然强，但在极寒地区需要注意防寒。

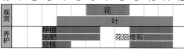

月	1	2	3	4	5	6	7	8	9	10	11	12
观赏						花						
					叶							
养护		种植										
		施肥					花后修剪					
		分株										

莨力花'雪水'

Acanthus 'Whitewater'

刺老鼠筋与虾蟆花的杂交种，斑叶品种。习性强健，继承了亲本良好的开花性，表现优秀。

译者注：加拿大银莲花的拉丁名已修订为 *Anemonastrum canadense*。

加拿大银莲花

木银莲花　　*Anemone canadensis*
毛茛科　北美洲

直立型
25~40cm
80~200cm

白　绿

| 日照 全日照~半日照 | 耐寒性 | 耐热性 |

| 土壤 普 | 生命周期 长 | 生长速度 普 |

特征：地下茎生长范围广，群生后可成片盛开。很容易和二歧银莲花弄混。

种植：耐寒性强，在寒冷地区也可群开。喜日照充足，但在半日照处也可开花。

月	1	2	3	4	5	6	7	8	9	10	11	12
观赏					花							
						叶						
养护			种植									
			施肥			花后修剪						
			分株									

大花银莲花

飘雪银莲花　　*Anemone sylvestris*
毛茛科　北欧

直立型
25~40cm
20~30cm

白　绿

| 日照 全日照~半日照 | 耐寒性 | 耐热性 |

| 土壤 普 | 生命周期 普 | 生长速度 慢 |

特征：从春季到初夏大量开花。在温暖地区夏季休眠，但在高山冷凉地带夏、秋两季都能一直开花。

种植：适宜种植在日照充足至半日照环境中，以及排水良好处。生长较为缓慢，但习性强健。肥力较高会导致开花困难。

月	1	2	3	4	5	6	7	8	9	10	11	12
观赏					花							
						叶						
养护			种植									
			施肥			花后修剪						
			分株									

高翠雀花
大飞燕草　*Delphinium × elatum hybrids*
毛茛科　欧洲

粉　紫　蓝　白

乳白　绿　其他　绿

直立型
↕40~160cm
←30~60cm→

日照 全日照~半日照　耐寒性 　耐热性

土壤 普　生命周期 短　生长速度 普

特征：长长的花茎上开放优美的小花，呈柱状。非常有存在感的一类飞燕草。

种植：在高温、高湿的环境中生长困难，所以在温暖地区多作一年生植物栽培。在寒冷地区可度夏。秋季栽种，露地可越冬。

月	1	2	3	4	5	6	7	8	9	10	11	12
观赏						花				花		
					叶							
养护			种植									
			施肥			花后修剪			分株			

翠雀
飞燕草 *Delphinium grandiflorum*
毛茛科　中国、西伯利亚等地

蓝　粉　白　绿

直立型
↕30~40cm
←20~40cm→

日照 全日照~半日照　耐寒性 　耐热性

土壤 普　生命周期 短　生长速度 慢

特征：茎细叶长，花瓣纤薄，晶莹剔透的花色美丽如斯。

种植：在高温、高湿的环境中生长困难，所以在温暖地区多作一年生植物栽培。播种宜在春、秋冷凉时节。

月	1	2	3	4	5	6	7	8	9	10	11	12
观赏						花						
					叶							
养护			种植									
			施肥									
						花后修剪					

不可分株

金莲花'金色皇后'

Trollius chinensis 'Golden Queen'
毛茛科 中国等地

直立型

↕40~70cm

← 20~40cm →

日照 全日照~半日照　耐寒性　耐热性

土壤　生命周期 普　生长速度 普

特征：光彩照人的橙色花。向上挺立的花瓣仿佛皇冠一般，故有冠金梅之称。

种植：喜微微湿润、肥沃的土壤。需要种植在日照较好处，但讨厌高温，夏季需要遮阴。注意避免干旱。

月	1	2	3	4	5	6	7	8	9	10	11	12
观赏					花							
						叶						
养护		种植										
		施肥										
		分株		花后修剪								

金莲花'切达奶酪'

Trollius × *cultorum* 'Cheddar'

栽培种。开放形状优美的杯状花，花色呈淡淡的奶油色。仿佛小型牡丹般令人怜惜，很受人欢迎。

欧洲金莲花

Trollius europaeus

欧洲到亚洲西部自生的原种。日本称其为喜阳金莲花。开花性好，群生时非常美丽。喜爱稍微湿润的环境。

91

多穗马鞭草'蓝色尖塔'

Verbena hastata 'Blue Spires'
马鞭草科 北美洲

直立型
←80~120cm→
←40~60cm→

紫 绿

日照 全日照　耐寒性　耐热性

土壤　生命周期　生长速度　快

特征：拥有像尖帽子般的可爱花朵。植株较高，生长茂密。

种植：适宜种植在日照充足、排水良好处。习性强健，可通过种子自播繁殖，生长范围广。需要注意白粉病。

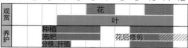

月	1	2	3	4	5	6	7	8	9	10	11	12
观赏					花							
						叶						
养护			种植									
			施肥				花后修剪					
			分株、开插									

柳叶马鞭草

三尺马鞭草　*Verbena bonariensis*
马鞭草科 南美洲

直立型
←60~100cm→
←30~60cm→

紫 绿

日照 全日照　耐寒性　耐热性

土壤　生命周期　生长速度　快

特征：细长的花茎高高扬起，在风中摇摆的姿态美丽。在适宜的地方可通过种子自播繁殖、群生，成片盛开。

种植：耐热性、耐寒性强，习性非常强健。在湿润的环境中长势弱，在干旱的环境中长势强，在荒地也可生长。

月	1	2	3	4	5	6	7	8	9	10	11	12
观赏					花							
						叶						
养护			种植									
			施肥			花后修剪						
			分株、开插									

柳叶马鞭草'棒棒糖'
Verbena bonariensis 'Lollipop'

柳叶马鞭草的小型种。大约生长到普通种的一半高度即可开花，花茎分枝性好，开花性好，地栽、盆栽皆可。

多穗马鞭草'白色尖塔'
Verbena hastata 'White Spires'

多穗马鞭草的白花品种。比蓝花品红长势稍差，茎干更细，给人清爽的印象。可通过种子自播繁殖。

多穗马鞭草'粉色尖塔'
Verbena hastata 'Pink Spires'

多穗马鞭草的粉花品种。在自生地从湿地到干旱地区都可大范围生长，适应力强，不挑生长环境。

紫毛蕊花'紫罗兰'

紫脑　*Verbascum phoeniceum* 'Violetta'

玄参科　南欧等地

直立型

←50~90cm→
←30~40cm→

 紫 绿

日照 全日照	耐寒性 ❄	耐热性 🔥
土壤 微干	生命周期 短	生长速度 普

特征：引人注目的紫罗兰色是它的特征。植株的花茎葡匐伸出，在风中摇曳。

种植：花后长势较弱，需要注意高温、高湿环境带来的影响。适宜种植在通风、排水良好处。花茎在花后提早修剪较好。

月	1	2	3	4	5	6	7	8	9	10	11	12
观赏					花							
						叶						
养护			种植									
			施肥									
					花后修剪							

不可分株

白疏毛毛蕊花'婚礼蜡烛'

Verbascum chaixii f.album 'Wedding Candles'

疏毛毛蕊花的白花品种。直立生长的纤长茎干上开放着密密匝匝的小花。花蕊有紫色茸毛覆盖，和花瓣的颜色搭配适宜。

紫毛蕊花'泛白'

Verbascum phoeniceum 'Flush of white'

白花的品种，星星般的花蕾十分可爱。秋季种植，露地越冬，有利于植物蓄积养分，花茎数量增加。

紫毛蕊花'罗塞塔'
Verbascum phoeniceum 'Rosetta'

复古、沉着的粉色花，有着潇洒的气质。在冷凉地区的夏季可通过种子自播繁殖。

毛蕊花'南方魅力'
Verbascum hybridum 'Southern Charm'

大花。株型紧凑。不同的植株间花色也有差异，几株种植在一起，搭配起来也很美丽。

绢毛毛蕊花'北极夏日'
土耳其毛蕊花
Verbascum bombyciferum 'Polar Summer'
玄参科 亚洲西部

 黄 白

直立型
↑80~150cm↓
←40~60cm→

 日照 全日照　耐寒性 　耐热性

 土壤 微干　生命周期 短　生长速度 普

特征：大型的毛蕊花。茎叶覆有白色的茸毛。黄花在较高位置开放。

种植：在高温、高湿的环境中生长较弱，适宜种植在排水较好、稍微干燥的地带。属于归化种，不能大范围繁殖。

月	1	2	3	4	5	6	7	8	9	10	11	12
观赏					花							
					叶							
养护			种植									
			施肥									
				花后修剪								

不可分株

橘红灯台报春

橙色九轮草 *Primula bulleyana*
报春花科 中国

直立型

↕30~40cm
←20~30cm→

日照 全日照~半日照 | 耐寒性 ❄ | 耐热性 🌡

土壤 适中 | 生命周期 ❤普 | 生长速度 🌱普

特征：明亮的小花成段开放。和日本报春相比，小花更让人怜惜。

种植：和日本报春有着相似的习性，喜稍稍湿润的环境。讨厌高温，夏季适宜种植在半日照处。

月	1	2	3	4	5	6	7	8	9	10	11	12
观赏				花								
					叶							
养护			种植									
			施肥		花后修剪							
			分株									

头序报春（原亚种）

Primula capitata subsp.*mooreana*
报春花科 西藏

直立型

↕15~25cm
←10~20cm→

日照 全日照~半日照 | 耐寒性 ❄ | 耐热性 🌡

土壤 适中 | 生命周期 ❤普 | 生长速度 🌱慢

特征：花期较晚的报春花。好似粉尘吹过的银灰色茎干、紫色的花都是它的特征。高山的原种。

种植：耐热性差，在温暖地区度夏困难。适宜种植在排水良好处，但也需要一定程度的湿润。

月	1	2	3	4	5	6	7	8	9	10	11	12
观赏					花							
				叶								
养护			种植									
			施肥		花后修剪							
			分株									

暗紫珍珠菜

金钱草 *Lysimachia atropurpurea*
报春花科 北美洲

直立型

↕20~40cm
←15~30cm→

红 银

| 日照 全日照~半日照 | 耐寒性 | 耐热性 |
| 土壤 普 | 生命周期 短 | 生长速度 慢 |

特征：夏季深酒红色的花穗和银灰色的叶片十分美丽，有着时尚潇洒的气质。

种植：避免长时间干旱，夏季需要遮阴。开花到一定程度后修剪，使植株休眠。

月	1	2	3	4	5	6	7	8	9	10	11	12
观赏					花							
				叶								
养护		种植										
		施肥										
				花后修剪			分株					

黄排草

Lysimachia punctata
报春花科 欧洲

直立型

↕40~60cm
←40~80cm→

黄 绿

| 日照 半日照 | 耐寒性 | 耐热性 |
| 土壤 普 | 生命周期 长 | 生长速度 普 |

特征：地下茎分布广泛，花期呈星星形的花朵成片开放。

种植：适宜种植在光线明亮、排水良好处。地下茎生长较快，容易导致地面部分匍匐生长，杂乱不堪。

月	1	2	3	4	5	6	7	8	9	10	11	12
观赏					花							
				叶								
养护		种植										
		施肥										
		分株、扦插			花后修剪							

克利夫兰鼠尾草

Salvia clevelandii
唇形科 北美洲

直立型
↕50~80cm
←30~60cm→

 紫 绿 香

日照 全日照 耐寒性 耐热性

土壤 生命周期 普 生长速度 慢

特征：淡紫色的花轮生，成段开放。与灰绿色的茎叶搭配协调，气质出众。
种植：自生于干燥的岩石地区和沙砾地带，喜充足日照和干燥的气候。通过花后修剪调整株型。

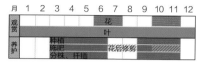

月	1	2	3	4	5	6	7	8	9	10	11	12
观赏						花						
					叶							
养护			种植									
			施肥			花后修剪						
			分株、扦插									

樱桃鼠尾草

秋鼠尾草 *Salvia greggii*
唇形科 墨西哥

直立型
↕60~80cm
←40~80cm→

 红 绿 香

日照 全日照 耐寒性 耐热性

土壤 生命周期 长 生长速度 快

特征：花期长，鲜红色的花朵可以从初夏开到晚秋。
种植：适宜种植在日照充足、排水良好处。花后进行短截后姿态优美。在同系列中耐寒性最强。

月	1	2	3	4	5	6	7	8	9	10	11	12
观赏						花						
					叶							
养护			种植				花后修剪					
			摘心				施肥					
			分株、扦插									

凹脉鼠尾草'红唇'

宝贝鼠尾草 *Salvia microphylla* 'Hot Lips'

四季可开花的小叶鼠尾草品种之一。红白花色十分可爱。根据环境和气温的不同，花色也不同，纯红色或纯白色的花都可能会开放。

龙胆鼠尾草

Salvia patens
唇形科 墨西哥

 粉 蓝 白 绿

直立型
↕50~80cm
←25~40cm→

 日照 全日照 | 耐寒性 | 耐热性

土壤 | 生命周期 普 | 生长速度 普

特征：花朵直径可达 5cm 的蓝色大花，被誉为最美的鼠尾草。花色还有白色、粉色等颜色。
种植：花后进行短截修剪后可再开花。耐寒性强，但冬天最好注意防冻。

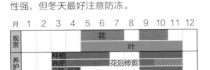

月	1	2	3	4	5	6	7	8	9	10	11	12
观赏					花							
					叶							
养护		种植										
		施肥				花后修剪					
		分株、扦插									

撒尔维亚

药用鼠尾草　　*Salvia officinalis*
唇形科 欧洲

山丘型
↕40~60cm
←40~60cm→

 紫 绿 香

日照 全日照 | 耐寒性 | 耐热性

土壤 普 | 生命周期 普 | 生长速度 普

特征：多作药用香草使用，所以在日本名为药用鼠尾草。灰绿色的叶片和紫色花朵具有观赏价值。
种植：种植在稍微干燥、日光充足处开花较好。多肥和日照不足容易导致徒长，开花困难。

月	1	2	3	4	5	6	7	8	9	10	11	12
观赏						花						
						叶						
养护		种植										
		施肥				花后修剪					
		分株、扦插									

银叶鼠尾草

德国鼠尾草　　*Salvia chamaedryoides*
唇形科 墨西哥

山丘型
↕25~40cm
←20~40cm→

蓝 白 香

 日照 全日照 | 耐寒性 | 耐热性

土壤 | 生命周期 普 | 生长速度 普

特征：灌木丛状的小型原种。蓝色花朵在茎叶的衬托下美不胜收。在温暖地区可越冬。
种植：讨厌高温、湿润的环境，种植在稍微干燥、日光充足处开花较好。花后，茎叶姿态凌乱，及时修剪即可。

月	1	2	3	4	5	6	7	8	9	10	11	12
观赏							花					
				叶								
养护		种植										
		摘心						施肥			
		分株、扦插					花后修剪			

林荫鼠尾草'卡拉多那'

Salvia nemorosa 'Caradonna'
唇形科 欧洲

直立型
←45~75cm→
←30~50cm→

紫 绿

日照 全日照　耐寒性　耐热性

土壤 普　生命周期 普　生长速度 普

特征：茎干颜色和花色较深的品种。花茎挺立，花穗排列整齐。花色鲜艳，植株姿态优美。

种植：适宜种植在日照充足、排水良好处。植株长势变差时需要重新种植。土壤过于肥沃时开花困难。

月	1	2	3	4	5	6	7	8	9	10	11	12
观赏					花							
					叶							
养护			种植									
			施肥									
			分株、扦插		花后修剪							

林荫鼠尾草

Salvia nemorosa

欧洲中部到亚洲西部广泛自生的原种。植株低矮，花朵朝上挺立，姿态美丽。在欧美地区有很多受欢迎的品种。

林荫鼠尾草'玫瑰酒'

Salvia nemorosa 'Rosenwein'

林荫鼠尾草的品种之一。花刚开放时红色较浓，慢慢转为粉色。生长稍慢。在日照不足和潮湿的地区生长困难，需要注意。

林荫鼠尾草'雪峰'

Salvia nemorosa 'Schneehugel'

林荫鼠尾草的白花品种。开花性较好，花小株大，花期花朵呈拱形一齐盛开。花后早日修剪，可让植株积累养分。

林荫鼠尾草'玫瑰紫'

Salvia nemorosa 'Schwellenburg'

紫红色的花萼醒目，中间部分不由得让人联想起鸡冠，非常有个性的花。过于肥沃、湿润的土壤容易导致花茎徒长，所以尽量避开。

草甸鼠尾草'暮光小夜曲'

Salvia pratensis 'Twilight Serenade'

唇形科 欧洲

直立型

↕30~50cm
↔25~40cm

蓝 绿

日照 全日照　耐寒性❄　耐热性☀

土壤　生命周期❤　生长速度

月	1	2	3	4	5	6	7	8	9	10	11	12
观赏						花						
					叶							
养护		种植										
		施肥				花后修剪						
		分株、扦插										

特征：草甸鼠尾草的小型品种。深蓝色的花，开花性好。比林荫鼠尾草耐热性好，习性强健。

种植：耐热性、耐寒性好，讨厌高温、湿润环境，宜种植在排水较好处。花后需要早日修剪，让植株恢复。

草甸鼠尾草'甜蜜埃斯梅拉达'

Salvia pratensis 'Sweet Esmeralda'

草甸鼠尾草的小型品种之一。明亮的紫粉色花。和其他颜色的品种相比，微微长高便可开花。耐热性、耐寒性较好，习性强健。

草甸鼠尾草'天鹅湖'

Salvia pratensis 'Swan Lake'

草甸鼠尾草的小型品种之一。白花映衬着绿叶，清爽亮眼。和其他品种相比，花穗较短，开花性优良。粗放管理也可生长良好。

草甸鼠尾草'天空之舞'

Salvia pratensis 'Sky Dance'

草甸鼠尾草的小型品种之一。天空蓝的花色，在同系列中也算新花色。初夏气温升高时开放让人感到清凉的花朵。

草甸鼠尾草'玛德琳'

Salvia pratensis 'Madeline'

草甸鼠尾草的品种之一。深紫色的花，雪白的唇瓣，组合起来美丽奇特。花朵虽小，但花量大，开放时热闹异常。

南欧丹参

净化鼠尾草、快乐鼠尾草　*Salvia sclarea*　**直立型**
唇形科　欧洲

↕80~120cm
↔50~70cm

粉　绿　香

日照 全日照	耐寒性 ❄	耐热性 ☀

土壤 偏干	生命周期 短	生长速度 普

特征：大型品种，日本多称其为净化鼠尾草。
花茎分枝，粉色的花萼上开白色花，花量较大。
种植：适宜种植在日照充足、较为干燥的区域。
可以通过种子自播繁殖。在温暖地区花后提早
修剪，以利植物复壮。

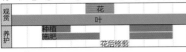

月	1	2	3	4	5	6	7	8	9	10	11	12
观赏							花					
							叶					
养护			种植									
			施肥									
						花后修剪						

不可分株

南欧丹参'梵蒂冈白'

Salvia sclarea 'Vatican White'

南欧丹参的品种之一。花萼白色，花期株型紧
凑的改良品种。可以通过种子自播繁殖，植株
较小时可保持常绿状态过冬，第二年开花。

俄罗斯糙苏

粘糙苏　*Phlomis russeliana*
唇形科　亚洲西部

直立型
←70~90cm→
↕60~100cm

 黄　绿

日照 全日照~半日照　耐寒性 　耐热性

土壤 普　生命周期 长　生长速度 普

特征：糙苏的一种。地下茎分布广泛，开花独特。耐热性、耐寒性强。

种植：适宜种植在日照充足至半日照处。在温暖地区和寒冷地区都可生长良好。冬季呈半常绿或落叶状态。

木糙苏属

月	1	2	3	4	5	6	7	8	9	10	11	12
观赏						花						
				叶								
养护			种植									
			施肥				花后修剪					
			分株、扦插									

紫花糙苏

Phlomis purpurea
唇形科　西班牙

直立型
←30~50cm→
↕50~80cm

粉　白　香

日照 全日照　耐寒性　耐热性

土壤 微干　生命周期 长　生长速度 普

特征：银白色的叶茎上开着粉色的花，搭配起来如此美丽。木质化后长成矮灌木。

种植：适宜种植在日照充足、较为干燥的土壤中。有耐热性，但耐寒性一般，寒冷地区需要防寒。

月	1	2	3	4	5	6	7	8	9	10	11	12
观赏						花						
				叶								
养护			种植									
			施肥				花后修剪					
			分株、扦插									

萨摩斯木糙苏

Phlomis samia
唇形科　欧洲

直立型
←50~80cm→
↕80~150cm

粉　绿

日照 全日照　耐寒性　耐热性

土壤 普　生命周期 长　生长速度 普

特征：数根可高达1.5m的花茎挺立生长，大型种。花色朴素淡雅，受园艺家推崇。

种植：适宜种植在日照充足至半日照处。在湿润肥沃的土地中会长得特别大。干旱条件下生长困难。

月	1	2	3	4	5	6	7	8	9	10	11	12
观赏						花						
				叶								
养护			种植									
			施肥				花后修剪					
			分株、扦插									

104

块根糙苏

Phlomis tuberosa
唇形科 亚洲东北部、欧洲

直立型

←70~120cm→
←50~80cm→

日照 全日照　耐寒性 ❄　耐热性 ☀

土壌 适中　生命周期 长　生长速度 普

特征：植株挺立，开粉色小花。十分耐寒，冬季以落叶的块根形态越冬。

种植：原产地为稍稍湿润的草原，喜土壤肥沃、日照充足处。耐热性、耐寒性强。

月	1	2	3	4	5	6	7	8	9	10	11	12
观赏						花						
					叶							
养护			种植									
			施肥				花后修剪					
			分株、扦插									

译者注：块根糙苏的拉丁名已修订为 *Phlomoides tuberosa*。

藿香'黑色蝰蛇'

Agastache 'Black Adder'
唇形科 园艺品种

直立型
←70~90cm→
←50~70cm→

紫　绿　香

日照 全日照　耐寒性 ❄　耐热性 ☀

土壌 普　生命周期 普　生长速度 普

特征：杂交种。植株较高，深紫色的花蕾开放着淡紫色的花，十分美丽。

种植：适宜种植在土壤肥沃、日照充足的环境中，喜排水较好处。在高温、湿润的环境中生长困难。大风容易使其折断，需要特别防范。

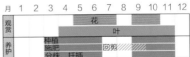

月	1	2	3	4	5	6	7	8	9	10	11	12
观赏						花						
					叶							
养护			种植									
			施肥			回剪						
			分株、扦插									

藿香'波列罗舞'

Agastache × *cana* 'Bolero'

在低温时红紫色的叶片特别美丽。红紫色的花和叶片搭配协调。耐寒性较好，冬季落叶越冬。

金叶藿香

Agastache rugosa 'Golden Jubilee'

藿香的黄金叶品种。大型品种，叶色明亮，十分引人注目。可以通过种子自播群生，间苗后生长更容易。全株带有香味。

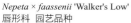 荆芥属

法氏荆芥'蓝色忧伤'

Nepeta × faassenii 'Walker's Low'
唇形科 园艺品种

山丘型

←40~60cm→
←50~80cm→

 紫 绿 香

特征：法氏荆芥的园艺品种。比原种的茎干短，不容易倒伏，可以长时间观赏其美丽的姿态。大型花，花色浓郁，引人注目。开花时令人赏心悦目。叶片灰绿色，和紫色花朵十分搭配。姿态优美，植株大小适宜种植，在国外评价很高，已有成为必需品的趋势。在月季盛花期开花，种植在月季底部也很好。全株带有类似于肉桂的香味，可作为切花或干花。

种植：适宜种植在日照充足、排水良好处。耐寒性、耐热性强，耐旱性强。在较为湿润的环境中容易腐烂；在土地较为肥沃和日照不足的环境中容易徒长，开花困难。萌发力较强，花后枝干凌乱时，从根部附近进行修剪后可再生。冬季落叶，故从根部冒出冬芽后把其他枝条全部剪掉可越冬。

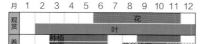

月	1	2	3	4	5	6	7	8	9	10	11	12
观赏							花					
							叶					
养护	种植											
	施肥					花后修剪						
	分株、扦插											

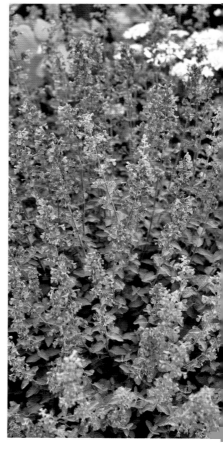

法氏荆芥'酸橙光'

Nepeta × faasenii 'Lime Light'

与紫色花朵形成鲜明对比的优美的黄金叶品种。春秋时节叶色清爽，夏季高温时叶色变为银灰色。生长稍缓慢，但株型较小，枝条不容易乱长。

近无柄荆芥'蓝梦'

Nepeta subsessilis 'Blue Dreams'
唇形科 日本

直立型

40~60cm
←50~80cm→

日照 全日照～半日照　耐寒性 ❄　耐热性 ☀

土壤 ▢　生命周期 长　生长速度 ↑ 普

特征：野草，近无柄荆芥的小型种。花朵密集开放，枝条不容易倒伏，容易种植。
种植：原种在溪流岸边自生。喜适度的水分。在全日照至半日照的环境中均可开花。

月	1	2	3	4	5	6	7	8	9	10	11	12
观赏						花						
						叶						
养护		种植										
		施肥				花后修剪			回剪		
		分株、扦插									

近无柄荆芥'粉梦'

Nepeta subsessilis 'Pink Dreams'

日本的野草，近无柄荆芥的小型种。花色为明亮的粉色。在荆芥中算大花，群生盛开时十分惹眼。

匍匐筋骨草

Ajuga reptans
唇形科 欧洲

匍匐型
←10~20cm→
←60cm以上→

特征：枝条匍匐生长，紧贴地面生根。叶片有光泽，低温时会转变为紫色。

种植：讨厌夏季强光、干旱。在半日照的环境和较为湿润的土壤中生长迅速。生长广泛需要疏苗。

月	1	2	3	4	5	6	7	8	9	10	11	12
观赏					花							
					叶							
养护		种植										
		施肥			花后修剪			回剪				
		分株、扦插										

匍匐筋骨草'凯特林巨人'

Ajuga reptans 'Catlin's Giant'

花和叶都较大的匍匐筋骨草。特别是在花期，植株较高，群生时十分美观。和原种一样枝条四处生长。

筋骨草'巧克力片'

Ajuga tenorii 'Chocolate Chip'

小叶密生的可爱品种。叶色周年较深。不长匍匐枝条，枝条聚拢，生长缓慢。开花性特别好。

筋骨草'勃艮第之光'

Ajuga reptans 'Burgundy Glow'

缤纷的斑叶品种，秋冬的红叶十分美丽。繁殖枝条不长，紧凑生长。在干燥和弱光环境中生长较差，需要注意。

筋骨草属

日照 全日照~半日照　耐寒性　耐热性　土壤　生命周期 长　生长速度 快

紫　绿

西尔加香科科

高加索香科　*Teucrium hircanicum*
唇形科　欧洲

直立型

↕40~60cm

←40~60cm→

日照 全日照　耐寒性　耐热性

土壤 普　生命周期 普　生长速度 普

特征：和长花婆婆纳相似，有长花穗的唇形科多年生草本植物。在半日照处也可开花，植株宽幅较大。

种植：适宜种植在日照充足处。在容易干燥的环境中生长紧凑。可以通过种子自播繁殖。

月	1	2	3	4	5	6	7	8	9	10	11	12
观赏						花						
					叶							
养护		种植										
		施肥				花后修剪						
		分株、扦插							回剪			

假蜜蜂花'皇家天鹅绒'

甜蜜香脂草　*Melittis melissophyllum*
'Royal Velvet Distinction'
唇形科　欧洲中南部

直立型

↕25~40cm

←30~40cm→

日照 全日照~半日照　耐寒性　耐热性

土壤 普　生命周期 普　生长速度 慢

特征：有着像兰科植物般美丽的花朵。全株有甜香，另有甜蜜香脂草之称。生长较慢。

种植：适宜种植在日照充足至半日照处。原种在林地生长，所以需要适当的水分。夏季需要避免强光。

月	1	2	3	4	5	6	7	8	9	10	11	12
观赏						花						
					叶							
养护		种植										
		施肥			花后修剪							
		分株、扦插										

绵毛水苏
Stachys byzantina
唇形科 土耳其、伊朗等地

粉 **银**

直立型
←60cm以上→
↕30~60cm

| 日照 | 全日照 | 耐寒性 | | 耐热性 | |
| 土壤 | 感干 | 生命周期 | 长 | 生长速度 | 快 |

特征：叶片覆有白毛，触感柔软。生长广泛。
种植：喜日照充足、较为干燥处，在高湿且日照不足处容易腐烂。花后进行短截回剪。

月	1	2	3	4	5	6	7	8	9	10	11	12
观赏						花						
						叶						
养护		种植										
		施肥			花后修剪			回剪			
		分株,扦插										

摩尼水苏
Stachys monieri
唇形科 南欧

紫 **绿**

直立型
←30~50cm→
↕25~40cm

| 日照 | 全日照 | 耐寒性 | | 耐热性 | |
| 土壤 | 普 | 生命周期 | 普 | 生长速度 | 普 |

特征：小小的纤薄叶片低矮茂密，花茎伸长后开出大量花朵。习性强健，容易种植。
种植：日照不足时也可开花，但尽量保持充足日照。耐热性、耐寒性强。冬季以地下块茎的形式越冬。

月	1	2	3	4	5	6	7	8	9	10	11	12
观赏						花						
						叶						
养护		种植										
		施肥			花后修剪						
		分株										

大星芹'佛罗伦萨'
Astrantia major 'Florence'
伞形科 欧洲

直立型
↕40~60cm
←50~90cm→

粉 绿

日照 全日照~半日照　耐寒性 ❄　耐热性 ☀

土壤 适中　生命周期 ♥　生长速度 ↑普

特征：绿白的花朵随着绽放渐渐带上粉色。开花性好。

种植：在温暖地区适合种植在半日照处。需要注意避免干燥，合理施肥。耐寒性强，在寒冷的环境中也能生长良好。

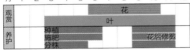

月	1	2	3	4	5	6	7	8	9	10	11	12
观赏						花						
					叶							
养护		种植										
		施肥						花后修剪			
		分株									

大星芹'雪星'
Astrantia major 'Snow Star'

花朵初开时为绿色，后慢慢转为白色，给人清爽的印象，十分美丽。花茎高高伸长，作为切花也广受欢迎。生长较为缓慢。

大星芹'威尼斯'
Astrantia major 'Venice'

玫红色的小花，开花性好，花形细长优美。株型较小，生长较慢。适合种植在肥沃的土壤中和明亮的半日照处。

大星芹'罗马'
Astrantia major 'Rome'

植株长开，明亮的粉色花一齐向上扬起。习性强健，生长快速。在温暖地区的某些场所也能成功栽种。

蓝苞刺芹'大蓝'

Eryngium × zabeli 'Big Blue'
伞形科 欧洲

直立型

↕50~70cm
←40~60cm→

特征：强健的扁叶刺芹品种。大花，花茎染上蓝色的样子也很美丽。

种植：耐寒性强，但在高温、高湿的环境中生长较弱，适宜种植在排水较好、日照充足处。在温暖地区，夏季适宜种植在遮阴的地方。

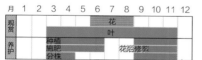

月	1	2	3	4	5	6	7	8	9	10	11	12
观赏						花						
				叶								
养护		种植										
		施肥						花后修剪			
		分株										

蓝苞刺芹'海王星的黄金'

Eryngium × zabelii 'Neptune's Gold'

扁叶刺芹的黄金叶品种。春季萌芽时叶色鲜明。接近 6cm 的大花萼，初开时为黄色，后慢慢混入蓝色。

硕大刺芹'维尔莫特小姐的鬼魂'

Eryngium giganteum 'Miss Wilmott's Ghost'

大花萼呈现银灰色，与绿色的花心搭配起来倍显绮丽。因其富有艺术的美感而特别知名的品种。讨厌高温、高湿环境，喜干燥。

扁叶刺芹

Eryngium planum

英式花园必用花卉之一。开蓝色花，茎干优美。可通过种子自播繁殖。作为切花和干花也很受欢迎。

野胡萝卜'达拉'

Daucus carota 'Dara'
伞形科 地中海沿岸

直立型
↕60~100cm
←30~60cm→

日照 全日照	耐寒性	耐热性

土壤 普	生命周期 短	生长速度 快

特征：随着花朵的绽放，花色会发生变化，具有古典的气质。植株较高，可以作为立体植物种植。

种植：在日本作一年生、二年生植物种植，可以通过种子自播繁殖。喜排水较好、日照充足处。

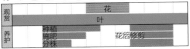

月	1	2	3	4	5	6	7	8	9	10	11	12
观赏							花					
					叶							
养护			种植									
			施肥			花后修剪						
			分株									

峨参'乌鸦之翼'

Anthriscus sylvestris 'Raven's Wing'
伞形科 欧洲、日本等地

直立型
↕40~60cm
←30~60cm→

日照 全日照~半日照	耐寒性	耐热性

土壤 普	生命周期 短	生长速度 普

月	1	2	3	4	5	6	7	8	9	10	11	12
观赏						花						
					叶							
养护			种植									
			施肥			花后修剪						
			分株									

特征：峨参的品种之一。棕色的叶片和蕾丝状的白花组合起来十分美丽。

种植：原种生于山区中的阴处或半阴处。对水分的要求非常高，但要避开高温、高湿环境，在阴凉处管理。

蕾丝花

Orlaya grandiflora (White Lace)
伞形科 欧洲

白 绿

直立型
←—50cm以上—→
↕50~70cm

特征:好似蕾丝般的纤细花形,具有清新的气质。和其他花卉十分容易搭配。

种植:种子易自播群生,适当间苗会生长得更好。喜排水较好、日照充足处。

日照 全日照~半日照　耐寒性　耐热性

土壤 普　生命周期 短　生长速度 快

月	1	2	3	4	5	6	7	8	9	10	11	12
观赏					花							
					叶							
养护			种植									
			施肥		花后修剪							
			分株									

拳参'霍赫塔特拉'

Persicaria bistorta 'Hohe Tatra'
蓼科 亚洲西部及北部、欧洲

  粉 绿

直立型 40~60cm
30~50cm

 日照 全日照~半日照 | 耐寒性 | 耐热性

 土壤 普 | 生命周期 普 | 生长速度 慢

特征：拳参的改良品种。拳参主要分布在欧洲到亚洲西部地区，日本的北海道至九州的山地也有自生。花茎细，花朵较大，开的花仿佛在半空中飘浮着，有着独特的美感。花茎高高伸长，对打造花坛的立体感大有裨益。花色素雅，其他花草特别容易搭配，花在风中摇曳的身姿风情万种。在日本流通较少，但在以欧洲为中心的海外地区颇有人气。

种植：原种于山坡草地、山顶草甸自生，讨厌微热的环境。在温暖地区夏季种植需要选择较为冷凉的场地，这对成功度夏很重要。在高温、湿热的环境中，养护需要注意通风、保持良好的排水。不耐干旱，所以半日照处种植较好。地下茎分布广泛，但生长略慢，不用担心根系问题。

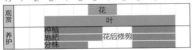

月	1	2	3	4	5	6	7	8	9	10	11	12
观赏						花						
						叶						
养护		种植										
		施肥			花后修剪							
		分株										

译者注：拳参的拉丁名已修订为 *Bistorta officinalis*。

紫露草'甜蜜凯特'

大紫露草 *Tradescantia* × *andersoniana* 'Sweet Kate'

鸭拓草科 北美洲

紫 黄

直立型 30~50cm
30~50cm

日照 全日照~半日照 | 耐寒性 | 耐热性

土壤 普 | 生命周期 普 | 生长速度 普

月	1	2	3	4	5	6	7	8	9	10	11	12
观赏						花						
					叶							
养护		种植										
		施肥			花后修剪							
		分株										

特征：黄色的叶片能从春季到秋季长时间保持鲜亮的色彩，初夏时可与开放的紫色花朵互相映衬。习性强健。

种植：日照充足至半日照处都可种植。大多数土壤都可选择，能耐湿润和干燥。

地毯赛亚麻
白色杯子 *Nierembergia repens*
茄科 南美洲

匍匐型

↑10~15cm↓
←40cm以上→

日照 全日照~半日照　耐寒性　耐热性

土壤 普　生命周期 长　生长速度 普

特征：细长的叶片紧密覆盖地面，美丽的杯状白花成片盛开。

种植：原生地为河川边，喜水分，但在高温、高湿的环境中需要注意保持良好的排水，避免干旱。

月	1	2	3	4	5	6	7	8	9	10	11	12
观赏					花							
					叶							
养护			种植									
			施肥									
			分株									

海滨蝇子草'德鲁伊特的花叶'
Silene uniflora 'Druett's Variegated'

海滨蝇子草的斑叶品种。灰绿色的叶片带有奶油色的锦斑，植株生长在较为低矮处。种植时需要注意高温、高湿的环境，做好排水管理。

海滨蝇子草'天鹅湖'
Silene uniflora 'Swan Lake'

重瓣海滨蝇子草，开放十分漂亮的大花。细细的花茎横向匍匐生长。可以作垂吊盆栽种植。

麦仙翁

麦毒草　*Agrostemma githago*
石竹科　亚洲西部、欧洲

直立型
60~100cm
←20~30cm→

 粉　 白　绿

日照 全日照　　耐寒性 　　耐热性

土壤 稍干　　生命周期 短　　生长速度 快

特征：茎干可分枝，渐次打开的大花，花径约
1cm。不同品种的花色既有淡樱花色，也有白色。
种植：适宜种植在排水较好、日照充足处。
喜略干燥的土壤。虽然是一年生草本植物，
但种子能自播繁殖。

月	1	2	3	4	5	6	7	8	9	10	11	12
观赏					花							
				叶								
养护		种植										
		施肥										
					花后修剪							

不可分株

西欧蝇子草变种

蝇子草　*Silene gallica* var. *quinquevulnera*
石竹科　欧洲

直立型
20~30cm
←20~30cm→

 红　绿

日照 全日照　　耐寒性　　耐热性

土壤 稍干　　生命周期 短　　生长速度 普

特征：特别可爱的小花。原产于欧洲，江户时
代传入日本，后再野化。
种植：喜排水较好、日照充足处。荒地也可
种植。虽然是一年生草本植物，但种子能自
播繁殖。

月	1	2	3	4	5	6	7	8	9	10	11	12
观赏					花							
				叶								
养护			种植									
			施肥									
			分株			花后修剪						

狗筋麦瓶草

白玉草　*Silene vulgaris*
石竹科　欧洲

直立型
←40~60cm→
←40cm以上→

白　绿

 日照 全日照　 耐寒性 耐热性

 土壤 微干　生命周期 短　生长速度 快

特征：花萼如气球般膨胀起来，花朵雪白可爱。虽然是外来种，但习性强健。可通过种子自播繁殖。

种植：适宜种植在排水较好、日照充足处。在贫瘠土地中也可良好生长。广泛分布，群生，但可通过间苗来控制。

月	1	2	3	4	5	6	7	8	9	10	11	12
观赏					花							
					叶							
养护		种植										
		施肥										
		分株		花后修剪								

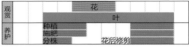

海滨蝇子草

布袋蝇子草　*Silene uniflora*
石竹科　欧洲

匍匐型
←10~15cm→
←20~50cm→

白　绿

 日照 全日照　 耐寒性 耐热性

 土壤 微干　生命周期 普　生长速度 普

特征：灰绿色叶片紧贴地面匍匐生长。白花和圆滚滚的花萼是如此可爱。

种植：耐干旱，可在沙砾地等区域种植。茎干过长，花后须进行修剪，以使其恢复优美姿态。

月	1	2	3	4	5	6	7	8	9	10	11	12
观赏					花							
					叶							
养护		种植										
		施肥		花后修剪								
		分株										

迪奥卡蝇子草

红色蝇子草 *Silene dioica*
石竹科 欧洲

直立型
←40~60cm→
↕40~60cm

 粉 绿

 日照 全日照 耐寒性 耐热性

土壤 普 生命周期 短 生长速度 普

特征：植株较高，花小，但花量大。随着植株年龄增加习性更加强健，可通过种子自播群生。
种植：喜肥沃土壤，原生地为半日照环境，但日照充足时开花较好。

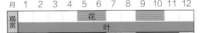

月	1	2	3	4	5	6	7	8	9	10	11	12
观赏						花						
					叶							
养护			种植									
			施肥			花后修剪						
			分株									

白花蝇子草
Silene latifolia

可通过种子自播，较为稳定。和迪奥卡蝇子草为同种，白花蝇子草为原种。这两种的杂交种开淡粉色花。

迪奥卡蝇子草'萤火虫'
Silene dioica 'Firefly'

迪奥卡蝇子草的半重瓣品种，花朵有着波浪花边，仿佛小型的康乃馨。植株较高，种植在花坛后方也不错。习性强健。

毛剪秋罗

醉仙翁　*Silene coronaria*
石竹科　东欧、南欧

直立型

←60~100cm→
←25~40cm→

红 白

日照 全日照　耐寒性 ❄　耐热性 ☀

土壤 湿干　生命周期 短　生长速度 普

特征：覆有茸毛的茎叶呈现纯白色，和红紫色的花对比强烈。通过种子自播群生。

种植：耐热性、耐寒性强，但在高温、高湿的环境中生长较弱。温暖地区适宜种植在排水较好、较干燥处。

月	1	2	3	4	5	6	7	8	9	10	11	12
观赏					花							
						叶						
养护			种植									
			施肥			花后修剪						
			分株									

毛剪秋罗'阿尔巴'
Silene coronaria 'Alba'

毛剪秋罗的白花品种。花叶皆呈现白色的美丽组合，和月季花园较为搭配。花枝纤细修长，姿态非常优美。

毛剪秋罗'脸红天使'
Silene coronaria 'Angel's Blush'

中央稍带粉色细细纹路的白花。色调高雅，很受欢迎。分枝性好，所以花量也大。

毛剪秋罗'园丁的世界'
Silene coronaria 'Gardeners World'

毛剪秋罗的重瓣品种。深色小花好似月季般。没有种子的改良品种，花期长，但生长略缓慢。

花葱'紫雨'

Polemonium caeruleum subsp.
yezoense 'Purple Rain'

花葱科 日本

直立型

←40~60cm→
←25~40cm→

紫 棕

| 日照 全日照~半日照 | 耐寒性 | 耐热性 普 |

| 土壤 普 | 生命周期 普 | 生长速度 普 |

特征:北海道花葱的铜叶品种。低温时叶片变黑。与紫色的花搭配起来绮丽非凡。

种植:在高温、高湿的环境中生长较弱，需保持良好的通风和排水。在温暖地区夏季适宜种植在半日照处。耐寒性也强。

月	1	2	3	4	5	6	7	8	9	10	11	12
观赏					花							
					叶							
养护			种植									
			施肥		花后修剪							
			分株									

花葱'杏喜'

Polemonium carneum 'Apricot Delight'

浅红花葱的品种。圆形花，初开时为杏色，后转为粉色。色彩变化十分美丽。

路边青'迈泰'

大根草　*Geum* 'Maitai'

蔷薇科　园艺品种

橙　绿

直立型

←30~40cm→ ↕25~40cm

日照 全日照~半日照	耐寒性	耐热性 强
土壤 普	生命周期 普	生长速度 普

特征：大根草（日本俗称）的园艺品种，花色是受欢迎的橙色。株型紧凑，花量很大。

种植：高湿时需要注意，适宜种植在排水较好、半日照处。耐寒性、耐热性强。

月	1	2	3	4	5	6	7	8	9	10	11	12
观赏					花							
					叶							
养护			种植									
			施肥			花后修剪						
			分株									

紫萼路边青

风铃大根草　*Geum rivale*
蔷薇科　北美洲等地

直立型

↕25~40cm
←30~50cm→

特征：也被叫作风铃大根草，富有趣味。习性强健，随着植株的长大，开花量猛增。

种植：喜水，适宜种植在湿润、明亮的半日照处。开花需要春化。耐热性也很好。

月	1	2	3	4	5	6	7	8	9	10	11	12
观赏					花							
				叶								
养护			种植									
			施肥			花后修剪						
			分株									

路边青‘迈泰’

路边青‘香蕉朗姆酒’

Geum 'Banana Daiquiri'

和路边青‘迈泰’一样，属于“鸡尾酒”系列的一种。奶黄色的花恰如其名。小型品种开花好。

123

阔叶美吐根

三叶下野草　*Gillenia trifoliata*
蔷薇科　北美洲

直立型
←40~80cm→
60~100cm

特征：直立的茎干分枝性好，星形的花朵成片盛开，姿态优美。秋季叶色变红也值得观赏。

种植：适合种植在半日照处。在肥沃土壤中生长的植株高度较高，反之则低矮。叶片变红后，落叶越冬。

月	1	2	3	4	5	6	7	8	9	10	11	12
观赏					花							
						叶						
养护			种植									
			施肥				修剪					
			分株、扦插									

阔叶美吐根'多粉'

Gillenia trifoliata 'Pink Profusion'

姿态优美、人气极高的三叶花。淡粉色的小花微微散开绽放，令人怜惜。秋天的红叶也很漂亮。

卡拉布里亚委陵菜

Potentilla calabra

蔷薇科 意大利

匍匐型

← 10~20cm →

←30~40cm→

日照 全日照　耐寒性　耐热性

 土壤 微干　生命周期 普　生长速度 慢

特征：黄色的花，银灰色的叶片为原种特征。虽然具有匍匐生长的特性，但因其植株较小，铺开程度不明显。

种植：在比较干旱、日照充足的地区种植，叶色较好，不容易徒长。注意高温、高湿环境的影响。

月	1	2	3	4	5	6	7	8	9	10	11	12
观赏					花							
					叶							
养护			种植						种植			
			施肥						施肥			
			分株		花后修剪				分株			

顶生委陵菜

Potentilla crantzii

蔷薇科 欧洲

匍匐型

← 8~15cm →

←30~40cm→

日照 全日照　耐寒性　耐热性

 土壤 微干　生命周期 普　生长速度 慢

特征：叶片密生的小型原种。小小的黄花密密匝匝地开放。也可种植于岩石花园里。

种植：耐寒性、耐热性强，但高湿地区需要注意容易腐烂。日照不足时容易徒长，种植时需要保持充足的日照。

月	1	2	3	4	5	6	7	8	9	10	11	12
观赏					花							
					叶							
养护			种植						种植			
			施肥		花后修剪				施肥			
			分株						分株			

尼泊尔委陵菜'海伦·简'
Potentilla nepalensis 'Helen Jane'
蔷薇科 尼泊尔

舒展型 1
↕20~30cm
←40~70cm→

 粉 绿

日照 全日照　耐寒性 　耐热性

土壤 普　生命周期 普　生长速度 普

特征：开着荧光色的惹眼小花，娇俏可爱。开花时分枝较多，一齐开放。
种植：原种在干旱、较为贫瘠的地带自生。避免在过肥、过于湿润的土地上种植，需要充足的日照。需要一定的春化才能开花。

月	1	2	3	4	5	6	7	8	9	10	11	12
观赏					花							
					叶							
养护			种植									
			施肥		花后修剪							
			分株									

直立委陵菜'阿尔巴'
Potentilla recta 'Alba'
蔷薇科 欧洲

直立型
↕20~30cm
←40~80cm→

 白 绿

日照 全日照　耐寒性 　耐热性

土壤 普　生命周期 普　生长速度 普

特征：花朵直径约 1cm 的端正小花。在荒地也能很好生长，植株广泛分布，可成片生长。
种植：耐热、耐寒，不挑土质。虽然耐贫瘠和干旱，但是肥多和湿润处也会徒长。

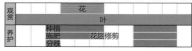

月	1	2	3	4	5	6	7	8	9	10	11	12
观赏					花							
					叶							
养护			种植									
			施肥		花后修剪							
			分株									

老鹳草'杰森蓝'
Geranium 'Jonson's Blue'
牻牛儿苗科 园艺品种

舒展型 1
↕40~60cm
←30~60cm→

特征：蓝色老鹳草的代表品种。鲜亮的蓝、薄薄的花瓣，有着其他花卉无法代替的美丽。花期稍早，5月便开始开放，到夏季前渐渐进入盛花期。和其他老鹳草相比，较为强健，株型舒展，长开后花期也随之延长。秋冬叶片变红，而后落叶过冬。

种植：耐寒性强，但在高温、高湿的环境中生长较弱，所以在温暖地区栽培需要多花点工夫。不耐干旱，适宜种植在稍微湿润的区域，生长较好。但是，在温暖地区，夏季的高温、高湿容易导致其腐烂，所以种植时需要排水较好的土壤，适量浇水。高温时还需要预防根腐病。但是，在少雨时期，为了避免过度干燥，地栽时灌水是必要的。确保通风良好，夏季时需要置于半日照处或树荫下养护。在寒冷地区，夏季可粗放管理，种植在阳光充足处即可。

月	1	2	3	4	5	6	7	8	9	10	11	12
观赏					花							
					叶							
养护			种植									
			施肥		花后修剪							
			分株									

大根老鹳草
Geranium macrorrhizum

茂盛浓密的叶片，整齐有序，能开大量小花。冬季叶片红色，不掉落。习性强健，作为花园边界的花材也不错。

斑点老鹳草'意式浓缩'
Geranium maculatum 'Espresso'

棕色叶片美丽。花期时花茎挺立向上，能开放大量淡粉色花朵。地下茎分布广泛。冬季落叶。

肾叶老鹳草

Geranium renardii

牻牛儿苗科 高加索

山丘型
←15~30cm→
←20~40cm→

 日照 **全日照** 耐寒性 ❄ 耐热性 ☀

 土壤 **微干** 生命周期 ♥ 生长速度 🌱 慢

特征：带紫色纹路的白色花朵清爽美丽。其姿态非常有辨识度，厚实柔软的叶片密生。

种植：原种在干旱区域自生。适合在排水较好、日照充足处种植。也适合种植于岩石花园里。

月	1	2	3	4	5	6	7	8	9	10	11	12
观赏						花						
						叶						
养护			种植									
			施肥			花后修剪						
			分株									

老鹳草'西拉克'

Geranium 'Sirak'

花朵稍大，花色呈通透的粉紫色，略带条纹。株型紧凑，花朵一齐开放时姿态优美。习性强健。

恩氏老鹳草

Geranium endressii

粉色的小花如伞状开放。皱叶老鹳草的杂交种，花期较长，在冷凉地区可以从初夏一直开到秋季。

比利牛斯老鹳草'比利·沃尔斯'
Geranium pyrenaicum 'Bill Wallis'
牻牛儿苗科　欧洲

舒展型 1
↕ 30~50cm
↔ 30~60cm

紫　绿

| 日照 全日照 | 耐寒性 | 耐热性 |
| 土壤 普 | 生命周期 短 | 生长速度 普 |

特征：花姿柔软，花期特别长，可以从春天一直开到秋末，直径 2cm 左右的小花成片盛开。
种植：习性强健。耐热性一般，耐寒性强，在温暖地区也比较容易栽培。

月	1	2	3	4	5	6	7	8	9	10	11	12
观赏					花							
					叶							
养护			种植									
			施肥			花后修剪						
			分株									

比利牛斯老鹳草'夏日雪'
Geranium pyrenaicum 'Summer Snow'

比利牛斯老鹳草的白花品种。花期长，可从春季一直开到秋末。一直开着的小花如舞蹈精灵般，易与其他草花搭配种植。

牛津老鹳草'舍伍德'
Geranium × *oxonianum* 'Sherwood'
牻牛儿苗科　欧洲

舒展型 1
↕ 30~50cm
↔ 40~80cm

粉　绿

| 日照 全日照~半日照 | 耐寒性 | 耐热性 |
| 土壤 普 | 生命周期 普 | 生长速度 普 |

特征：纤细的花瓣惹人怜惜。牛津老鹳草的品种之一，花期较长，观赏期也长。
种植：这个品种的耐寒性强，比较容易养护。在明亮的半日照处的肥沃土地中生长较好。

月	1	2	3	4	5	6	7	8	9	10	11	12
观赏					花							
				叶								
养护			种植									
			施肥			花后修剪						
			分株									

暗色老鹳草

黑花老鹳草　*Geranium phaeum*
牻牛儿苗科　南欧

直立型
←40~100cm→
60~90cm

特征：别名黑花老鹳草。漂亮的花在风中摇曳生姿。环境合适的地区可群生。

种植：暗色老鹳草是少数可以适应湿润、肥沃的土壤，并可在半日照环境中栽培的植物。可以耐一定程度的干旱。

月	1	2	3	4	5	6	7	8	9	10	11	12
观赏					花							
				叶								
养护	种植											
	施肥				花后修剪							
	分株											

暗色老鹳草'专辑'

Geranium phaeum 'Album'

暗色老鹳草的白花品种。和黑花品种不同的是给人以清爽的印象。植株较高，线条纤长，和其他草花组合起来特别美丽。

牛津老鹳草'克拉里奇·德鲁斯'

Geranium × *oxonianum* 'Claridge Druce'

牛津老鹳草的代表品种。花期长，表现优秀，在知名的花园中使用较多。新手也推荐。

草地老鹳草

野原老鹳草　*Geranium pratense*
牻牛儿苗科　欧洲

 紫　 绿

40~70cm
←40~60cm→

| 日照 全日照~半日照 | 耐寒性 | 耐热性 |

| 土壤 普 | 生命周期 普 | 生长速度 普 |

特征：植株较高。花期花茎伸长，花丛顶端集中开放。冬季落叶。

种植：在略微湿润的草地自生。在温暖地区需要注意高温、高湿，适合种植在排水较好、半日照处。

月	1	2	3	4	5	6	7	8	9	10	11	12
观赏					花							
					叶							
养护			种植									
			施肥					回剪				
			分株									

草地老鹳草'泼墨'
Geranium pratense 'Splish Splash'

草地老鹳草的单瓣品种。带有紫色喷溅斑点的白花，有时也会有纯色花混入。花色变化有趣。植株高，看起来非常漂亮。

草地老鹳草'双宝石'
Geranium pratense 'Double Jewel'

草地老鹳草的重瓣品种。小花，宽度不同的尖瓣组合起来的花朵，姿态美丽，像宝石般耀眼，恰如其名。

华丽老鹳草

Geranium × magnificum

牻牛儿苗科 园艺品种

直立型

↕40~60cm

←25~50cm→

| 日照 全日照~半日照 | 耐寒性 | 耐热性 |
| 土壤 普 | 生命周期 | 生长速度 普 |

特征：在欧洲种植率较高的品种。花大色浓。叶片柔软，较大，可以变红色。

种植：喜微微湿润、肥沃的土壤，和日照较好的环境，但也耐半日照和干燥。粗放管理也没有问题。

月	1	2	3	4	5	6	7	8	9	10	11	12
观赏						花						
						叶						
养护			种植									
			施肥			花后修剪						
			分株									

血红老鹳草'专辑'

Geranium sanguineum 'Album'

血红老鹳草的品种之一。和原种比起来，叶片更细，枝条更长，整体呈松软的半球状茂盛姿态。耐热性好，在温暖地区也可轻松养护。

血红老鹳草'埃尔克'

Geranium sanguineum 'Elke'

血红老鹳草的品种之一。花瓣为深粉色，由内向外变浅，呈现渐变的美丽。株型也较为紧凑。

血红老鹳草'纳姆'

曙老鹳草　*Geranium sanguineum* 'Nanum'

牻牛儿苗科　欧洲

山丘型

↕20~30cm

←40~70cm→

 粉　绿

日照 全日照　耐寒性 ❄　耐热性 ❄

土壤 普　生命周期 长　生长速度 普

特征：血红老鹳草的矮生种。呈半球形状，颇为茂密，粉色花朵成片开放。

种植：耐寒性强，习性强健，养护简单。在稍微干燥、日照充足、通风较好的环境中生长良好。

月	1	2	3	4	5	6	7	8	9	10	11	12
观赏					花							
						叶						
养护			种植 施肥 分株			花后修剪						

老鹳草'菲利普·瓦佩尔'

Geranium 'Philippe Vapelle'

大花，明亮清爽的蓝紫色花朵带有深紫色条纹。肾叶老鹳草的杂交种，有着相似的厚实叶片，但植株较高，开花好。

条纹血红老鹳草

Geranium sanguineum var. *striatum*

淡粉色的美丽花朵。习性强健，可广泛栽培，株型紧凑，开花姿态好。成熟的植株十分显眼。冬季半常绿。

老鹳草'罗珊'

Geranium 'Rozanne'

牻牛儿苗科 园艺品种

舒展型 1

↕30~50cm
←60~100cm→

 紫 绿

 日照 全日照~半日照 | 耐寒性 | 耐热性

土壤 普 | 生命周期 长 | 生长速度 快

特征：改良种。美丽的紫色花朵，高温时花色为粉色，晚秋时节花色变成亮眼的深紫色。有长得令人吃惊的花期，在温暖地区花期是初夏和秋冬，在寒冷地区花期则为盛夏到晚秋。生长较快，很快就能长成大株。在耐热性较差的老鹳草中表现优异，花期长得出众。温暖地区可以随便养的老鹳草品种之一。原种植株较矮，株型紧凑，但本品种长大后十分茂盛。

种植：喜欢肥沃的土壤，在温暖地区夏季可种植在半日照处，在寒冷地区可种植在日照充足处，不容易徒长。盛夏枝条太长时需要短截修剪进行整理。

月	1	2	3	4	5	6	7	8	9	10	11	12
观赏								花				
						叶						
养护		种植										
		施肥					花后修剪					
		分株										

老鹳草'蓝色日出'

Geranium 'Blue Sunrise'
牻牛儿苗科 园艺品种

直立型

↕30~40cm
←30~40cm→

日照 全日照~半日照　耐寒性　耐热性

土壤 普　生命周期 普　生长速度 普

特征：刚发芽时叶色鲜嫩，花期叶色较淡，紫花在叶色衬托下十分漂亮。花期长。

种植：日照充足处开花性好，叶色美丽。夏季应避免强光直射，防止叶片烧伤，置于半日照处下养护较合适。

月	1	2	3	4	5	6	7	8	9	10	11	12
观赏					花							
					叶							
养护			种植									
			施肥			花后修剪						
			分株									

老鹳草'粉色便士'

Geranium 'Pink Penny'

和'罗珊'为同系列的改良种。鲜艳的粉紫色花朵，带着清晰的紫色纹路。花期长，生长也快。

老鹳草'甜蜜海蒂'

Geranium 'Sweet Heidy'

和'罗珊'为同系列的改良种。大花，中间的白色部分仿佛覆盖在花上的光晕一般。比同系列品种开花稍晚。

135

老鹳草'丁香冰'
Geranium 'Lilac Ice'

带有薰衣草紫色纹路的浅粉色花，给人清凉的感觉，恰如其名。和'罗珊'为同系列品种，所以生长较快，花期长。

狭花天竺葵
Pelargonium sidoides
牻牛儿苗科 南非

红　银　香

舒展型 1
↕25~40cm
←30~60cm→

日照 全日照	耐寒性	耐热性

土壤 微干	生命周期 长	生长速度 普

特征：原种的天竺葵。银灰色的圆形叶片和深色的小花都很美丽。花期长，受欢迎。

种植：原生地为干燥的沙漠周围。讨厌干旱和酷热高湿的环境。寒冷地区防寒是必要的。

月	1	2	3	4	5	6	7	8	9	10	11	12
观赏				花								
				叶								
养护		种植										
		施肥			花后修剪							
		分株、扦插										

136

牛舌草

Anchusa azurea

紫草科 亚洲西部、欧洲等地

 蓝 绿

 直立型 80~150cm 40~80cm

 日照 全日照　耐寒性 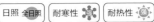 耐热性

 土壤 微干　生命周期 短　生长速度 普

特征：花茎分枝性好，小花大量开放。虽然株型较大，但小花令人怜惜。

种植：喜干燥、日照充足的环境，需要注意避免高温、高湿。主要作为一年生、二年生草本植物。在环境适宜的地区可通过种子自播群生。

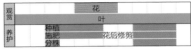

月	1	2	3	4	5	6	7	8	9	10	11	12
观赏						花						
						叶						
养护		种植										
		施肥			花后修剪							
		分株										

曼氏牻牛儿苗

Erodium manescavii

牻牛儿苗科 南欧

 粉 绿

 直立型 20~30cm  20~30cm

 日照 全日照　耐寒性 耐热性

土壤 普　生命周期 普　生长速度 普

特征：生长得较为低矮，长长的花境里开放星形花。花期长，可以从初夏一直开到冬天。

种植：有一定的耐热性，能耐一定程度的湿润，尽量避免高温、高湿的环境。冬季也保持常绿状态。

月	1	2	3	4	5	6	7	8	9	10	11	12
观赏						花						
						叶						
养护		种植										
		施肥										
		分株										

田野孀草
Knautia arvensis
忍冬科 北美洲

 紫 绿

直立型
↕40~80cm
←30~40cm→

 日照 全日照~半日照 | 耐寒性 | 耐热性

 土壤 普 | 生命周期 | 生长速度 普

特征：带有粉色的紫丁香色花。在植株较高的位置开花，摇曳的身姿美丽动人。

种植：适宜种植在排水较好、日照充足处。在略微干燥的适宜地区，可通过种子自播群生。

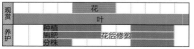

月	1	2	3	4	5	6	7	8	9	10	11	12
观赏					花							
					叶							
养护	种植											
	施肥			花后修剪								
	分株											

中欧孀草'火星侏儒'
Knautia macedonica 'Mars Midget'

茎干分枝性好，开红宝石色的小花。花比原种的小，四季开花性强。也可通过种子自播繁殖。

138

飞鸽蓝盆花

Scabiosa columbaria f.*nana*
忍冬科 非洲

 紫 绿

山丘型
↕15~30cm
←15~25cm→

 日照 全日照~半日照 耐寒性 耐热性

 土壤 普 生命周期 普 生长速度 普

特征：日本俗名为赤花姬松虫草。株型紧凑，花期较长，可从春季一直开到秋季。

种植：喜排水较好、日照充足、气候冷凉处。叶片密生，所以在温暖地区需要注意避免高温、高湿的环境。

月	1	2	3	4	5	6	7	8	9	10	11	12
观赏								花				
						叶						
养护			种植									
			施肥							花后修剪		
			分株									

飞鸽蓝盆花'粉丝针垫'

Scabiosa columbaria f.*nana* 'Pincushion Pink'

明亮的粉色赤花姬松虫草，随着开放逐渐变紫。四季开花性强，能长时间开花，姿态基本不会凌乱，可组盆和在小区域应用。

紫盆花'黑桃A'

Scabiosa atropurpurea 'Ace of Spades'

紫盆花的黑花品种，时尚雅致的色彩引人瞩目。这个系列的花，花后短截，植株恢复后会再度开花。

紫盆花'博若莱酒'

Scabiosa atropurpurea 'Beaujolais Bonnets'

紫盆花的品种之一，花色为深浆果红，随着开放逐渐显现白色和绿色。宛如古董蕾丝般的美丽花朵。

黄盆花'月舞'
Scabiosa ochroleuca 'Moon Dance'
忍冬科 南欧

山丘型
←30~40cm→
←30~40cm→

 黄 绿

 日照 全日照　耐寒性　耐热性

 土壤 微干　生命周期 普　生长速度 普

特征：淡黄色的赤花姬松虫草，黄盆花的改良种。花期长，小花渐次开放。

种植：喜略微干燥、日照充足处，可在贫瘠土壤中生长，需要避免高温、高湿的环境和肥力较高的土壤。可通过种子自播繁殖。

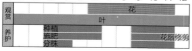

月	1	2	3	4	5	6	7	8	9	10	11	12
观赏							花					
					叶							
养护		种植										
		施肥								花后修剪		
		分株										

紫盆花'白雪少女'
Scabiosa atropurpurea 'Snow Maiden'
忍冬科 南欧

直立型
←60~100cm→
←30~50cm→

 白 绿

 日照 全日照　耐寒性　耐热性

 土壤 普　生命周期 短　生长速度 普

特征：木质化草本里植株较高的紫盆花品种。令人怜惜的白花，作为切花也受欢迎。

种植：适宜种植在排水较好、日照充足处。因其植株较高，建议使用支架。花后修剪。在极寒冷地区需要防寒。

月	1	2	3	4	5	6	7	8	9	10	11	12
观赏							花					
					叶							
养护			种植									
			施肥				花后修剪					
			摘心									
							分株					

南方巴帕迪豆 🏅

紫先代萩 *Baptisia australis*
豆科 北美洲

蓝 绿

直立型
←50~100cm→
80~150cm

日照 全日照~半日照　耐寒性 ❄　耐热性 ☀

土壤 普　生命周期 长　生长速度 普

特征: 日本俗称紫先代萩。植株挺立,个头较高,可开靛蓝色花朵。

种植: 在半日照处也可开花,日照充足时开花较好,讨厌高湿环境。耐寒性、耐热性强。

月	1	2	3	4	5	6	7	8	9	10	11	12
观赏					花							
					叶							
养护			种植									
			施肥		花后修剪							
			分株									

南方巴帕迪豆'阿尔巴'

Baptisia australis 'Alba'

南方巴帕迪豆的白花品种。植株长势快,花量大,花朝上开放。和原种一样个头较高,适合种植在花坛后方。在贫瘠土地上也可生长,几乎不要肥料。

星芒松虫草'鼓槌'
Scabiosa stellata 'Drumstick'
忍冬科 西欧、南欧、北美洲

直立型

↕60~100cm
←30~60cm→

蓝 绿

 日照 全日照　耐寒性 　耐热性

 土壤 普　生命周期 短　生长速度 普

特征：花谢后的白色种子很有趣，作为切花、干花都很受欢迎。花色为淡蓝色至白色。柔软的枝条可以长得很长。

种植：需要定期修剪使植株维持低矮生长的状态。在温暖地区，夏季到来以作一年生草种植。在寒冷地区要防寒。

月	1	2	3	4	5	6	7	8	9	10	11	12
观赏							花					
						叶						
养护		种植										
		施肥			花后修剪							
		摘心				分株						

长苞赝靛
Baptisia bracteata
豆科 中部美洲

舒展型 1

↕30~60cm
←60~80cm→

乳白 绿

日照 全日照~半日照　耐寒性 　耐热性

土壤 普　生命周期 长　生长速度 慢

特征：花茎挺立，淡黄色的花穗垂落，姿态别致。

种植：耐热性、耐寒性强，耐旱性好。适宜种植在日照充足、通风较好处。生长略微缓慢。

月	1	2	3	4	5	6	7	8	9	10	11	12
观赏					花							
						叶						
养护		种植										
		施肥		花后修剪								
		分株										

紫花琉璃草
Cerinthe major 'Purpurascens'
紫草科 地中海沿岸

直立型

↕40~60cm

←25~60cm→

紫　银

| 日照 全日照~半日照 | 耐寒性 | 耐热性 中 |
| 土壤 微干 | 生命周期 短 | 生长速度 普 |

特征：叶片带银灰色斑点。花朵呈深紫色，向下开放。独特的色彩引人注目。

种植：适宜种植在排水良好、日照充足处。主要作为一年生草本植物，但可通过种子自播繁殖。在寒冷地区需要防寒。

月	1	2	3	4	5	6	7	8	9	10	11	12
观赏					花							
						叶						
养护		种植										
		施肥										
						花后修剪						

不可分株

红花矾根
Heuchera sanguinea
虎耳草科 北美洲

 红 绿

山丘型 ↕30~50cm
←30~40cm→

日照 全日照~半日照	耐寒性	耐热性

土壤 普	生命周期 普	生长速度 慢

特征：叶片密生，小花直立开放。在日本很早就受人喜爱。

种植：适宜种植在明亮的半日照处，不耐干旱。虽然喜欢水分，但需要注意高湿容易导致腐烂。

月	1	2	3	4	5	6	7	8	9	10	11	12
观赏					花							
					叶							
养护			种植									
			施肥		花后修剪							
			分株									

黄水枝'春日交响曲'
Tiarella 'Spring Symphony'
虎耳草科 北美洲

 粉 绿

山丘型 ↕20~30cm
←20~40cm→

日照 全日照~半日照	耐寒性	耐热性

土壤 普	生命周期 普	生长速度 慢

特征：红花矾根的近缘种。花期集中绽放令人怜惜的小花。形态独特的叶片同样具有观赏性。

种植：适宜种植在土壤略微肥沃、通风良好、明亮的半日照处。干旱时生长困难。需要避免高湿环境，保持通风。

月	1	2	3	4	5	6	7	8	9	10	11	12
观赏				花								
				叶								
养护			种植									
			施肥									
			分株	花后修剪								

裂矾根'布丽吉特绽放'

Heucherella 'Bridet Bloom'
虎耳草科 北美洲

粉 绿

山丘型
↕30~50cm
←30~50cm→

日照 全日照~半日照　耐寒性　耐热性

土壤　生命周期 普　生长速度 慢

特征：红花矾根和黄水枝的杂交种。两种的
种间花，叶密，开花性好，习性强健。
种植：和红花矾根一样耐晒。需要避免干旱
和高湿环境。适宜种植在通风良好、明亮的
半日照处。

月	1	2	3	4	5	6	7	8	9	10	11	12
观赏					花							
					叶							
养护			种植 施肥 分株		花后修剪							

145

鬼灯檠
Rodgersia podophylla
虎耳草科 日本、朝鲜半岛

个性型

←60~100cm→
←60~100cm→

白　绿

| 日照 半日照 | 耐寒性 | 耐热性 |
| 土壤 适中 | 生命周期 长 | 生长速度 普 |

特征：茂密的大型草本植物。在日本山野之中非常常见，在国外广受欢迎。
种植：在稍微湿润的沼泽边沿和林地自生。适合种植在水分充足、土壤肥沃的半日照处。

月	1	2	3	4	5	6	7	8	9	10	11	12
观赏					花							
					叶							
养护		种植										
		施肥		花后修剪								
		分株										

羽叶鬼灯檠'巧克力翅膀'
Rodgersia pinnata 'Chocolate Wing'

羽叶鬼灯檠原产于中国。刚发芽时叶片呈古铜色，有花时叶片变为深绿色。花为红色。

萱草

日百合 *Hemerocallis*
阿福花科 亚洲东部

直立型
30~150cm
←30~120cm→

 日照 全日照~ 半日照
 耐寒性
耐热性

土壤 普 | 生命周期 长 | 生长速度 普

特征：以生长在中国及日本的长苞萱草、甘草为母本的改良种。据统计已有 2 万以上的品种。
种植：耐热、耐寒，不挑土质，习性非常强健。需要注意的是，比较吸引蚜虫。

月	1	2	3	4	5	6	7	8	9	10	11	12
观赏						花						
					叶							
养护			种植									
			施肥				花后修剪					
			分株									

萱草'蛋挞糖果'

萱草'芝加哥·阿帕奇'

萱草'珍妮丝·布朗'

萱草'樱桃情人节'

萱草'黑莓糖果'

萱草'贝拉·卢戈希'

落新妇属

落新妇'秀星'

Astilbe 'Showstar'

虎耳草科 园艺品种

粉 红 紫
白 其他 绿

直立型
↕ 30~50cm
←40~60cm→

日照 全日照~半日照 | 耐寒性 | 耐热性

土壤 普 | 生命周期 长 | 生长速度 普

特征：胖乎乎的柔软的花穗富有魅力。英式花园中常常使用它，在欧洲常被称为"庭院必备植物"。本品种主要采用播种繁殖的种植方式，所以花色多样。开花性较好，开花较为紧凑，所以一般作为盆栽在市场上流通。无论是庭院种植还是盆栽，因其植株矮小，为了能欣赏到它的花，种植在花坛的前方更适合。

种植：喜通风良好、土壤肥沃的环境。可以粗放管理，每年都能开花，但是讨厌干旱，

适合种植在湿润的地方。特别在温暖地区，对于高温和干燥的耐受性较弱，所以种植在凉爽不干燥的半日照处较好。在冷凉地区，夏天全日照、遮阴都不成问题，但还是需要注意避免干燥。冬季落叶休眠，但需要春化第二年才可开花，不可以置于温室养护。在寒冷地区也可户外过冬。

月	1	2	3	4	5	6	7	8	9	10	11	12
观赏					花							
					叶							
养护			种植									
			施肥		花后修剪							
			分株									

阿兰德落新妇'卡布奇诺'

Astilbe × arendsii 'Cappucino'

棕色的叶色，搭配奶泡般的白花，与其品种名的形象高度吻合。叶片在刚发芽时呈较深的红色，后慢慢转为暗绿色。

童氏落新妇'巧克力将军'

Astilbe thunbergii 'Chocolate Shogun'

日本的落新妇，三叶的铜叶品种。叶色一般比较深，不会变淡。和普通品种不同，开放如野草般的小花。

阿兰德落新妇'威斯·格洛丽亚'

Astilbe × arendsii 'Weisse Gloria'

密实的纯白色花大量开放，营造出柔美的感觉。开花性好，花朵较大，所以长大后十分惹眼。

落新妇'桃花'

Astilbe × rosea 'Peach Blossom'

玫瑰红的改良品种。水彩般明亮的淡粉色花。植株株型紧凑，开花性较好，姿态可爱，是非常受欢迎的品种。

阿兰德落新妇'火焰'

Astilbe × arendsii 'Fanal'

深红色的花朵密集开放。花穗给人以柔软的印象，色彩也十分亮眼，多在花园中作为装饰使用。

阿兰德落新妇'红色魅力'

Astilbe× arendsii 'Red Charm'

花茎高高伸长，花穗如拱门般下垂。和直立性较好的品种有着截然不同的形象，别具风情。花蕾呈红色而后转为粉色。

落新妇、柳川鱼、矾根
组成的边界花园（轻井
泽月季庄园）

夏

Summer

在高温、高湿、日照强烈的环境中，仍旧能生长良好的花弥足珍贵。对于处于苦夏中的植物来说，移至半日照处或是遮阴，都需要花费不少工夫。

树锦葵

树锦葵

锦葵花　*Lavatera × clementii*
锦葵科　园艺品种

直立型
↕ 1.2~1.8m
↔ 0.8~1.2m

 粉　 绿

日照 全日照　耐寒性 ❄　耐热性 ☀

土壤 普　生命周期 长　生长速度 普

特征：三月花葵和欧亚花葵的杂交种。本本植物，成年植株茂盛，花量可观。耐热性强。
种植：喜欢日照充足、排水较好的环境，粗放管理也能长得很好。花后和秋冬季节通过修剪调整植株高度。

树锦葵'初光'

月	1	2	3	4	5	6	7	8	9	10	11	12
观赏							花					
					叶							
养护		种植										
		施肥					花后修剪					
		分株、扦插										

蓝雪花
Ceratostigma plumbaginoides
白花丹科 中国

  蓝 绿

舒展型 2

←15~25cm→
←40cm以上→

日照 全日照~半日照 耐寒性 耐热性

土壤 生命周期 长 生长速度 普

特征：美丽的蓝色小花，若花后修剪，复花后能长时间开放，可以从初夏一直开放到深秋。地下茎广泛生长。

种植：在半日照处也可开放，在日照充足处生长得较为低矮。耐热、耐寒，但忌干旱。

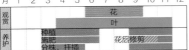

月	1	2	3	4	5	6	7	8	9	10	11	12
观赏						花						
						叶						
养护			种植									
			施肥				花后修剪					
			分株、扦插									

里昂龟头花
Chelone lyonii
车前科 美国东南部

  粉 绿

直立型
←40~60cm→
←60~100cm→

日照 全日照~半日照 耐寒性 耐热性

土壤 生命周期 普 生长速度 普

特征：从地下茎部分生长出坚硬挺立的茎干，开花时花形别致。也可作切花使用。

种植：耐热、耐寒，可完全粗放管理，但需要注意害虫。种植在半日照处可避免叶片被灼伤。

月	1	2	3	4	5	6	7	8	9	10	11	12
观赏									花			
							叶					
养护			种植									
			施肥						花后修剪			
			分株、扦插									

桔梗
Platycodon grandiflorus
桔梗科 亚洲东部

直立型

20~120cm
15~80cm

| 日照 全日照~半日照 | 耐寒性 | 耐热性 |

| 土壤 普 | 生命周期 长 | 生长速度 普 |

月	1	2	3	4	5	6	7	8	9	10	11	12
观赏						花						
						叶						
养护		种植										
		施肥						花后修剪			
		分株										

特征：自古便有种植，作为切花也十分受欢迎。最近在市场上流通的以小型品种为主。

种植：不喜荫蔽、高湿处，适合种植在阳光充足、排水较好的区域。花后修剪会再次开放。

宿根六倍利
Lobelia × speciosa
桔梗科 北美洲等地

红 绿

直立型
60~100cm
40~70cm

| 日照 全日照~半日照 | 耐寒性 | 耐热性 普 |

| 土壤 适 | 生命周期 普 | 生长速度 普 |

月	1	2	3	4	5	6	7	8	9	10	11	12
观赏						花						
						叶						
养护		种植										
		施肥				花后修剪					
		分株、扦插									

特征：北美山梗菜的杂交种。在高高伸长的花茎上开放鲜艳的花朵。天热时也能长时间开放。

种植：原生于湿地，特别喜欢水分，但积水会导致其长势变弱。在较为湿润的区域种植需要排水较好的土壤。

154

弗吉尼亚腹水草 '着迷'

Veronicastrum virginicum 'Fascination'
车前科 北美洲

直立型
60~100cm
←80cm以上→

紫 绿

日照 全日照~半日照　耐寒性　耐热性

土壤 普　生命周期 长　生长速度 普

特征：北美产的腹水草品种，比日本的腹水草花色更鲜艳，习性更强健。

种植：半日照也可开花，但日照充足处花量更大，不容易倒伏。适宜种植在通风、排水均良好处。土壤较为肥沃时容易长高，需要支撑物支撑植株。

月	1	2	3	4	5	6	7	8	9	10	11	12
观赏						花						
					叶							
养护		种植 施肥 分株			花后修剪							

天人菊 '羽毛'

Gaillardia pulchella 'Plume'
菊科 北美洲

山丘型
20~30cm
←30~40cm→

红 橙 黄 其他 绿

日照 全日照　耐寒性　耐热性

土壤 普　生命周期 普　生长速度 普

特征：天人菊的品种之一。有着手鞠般可爱的花朵。比原种开花性更好，株型更小。

种植：耐热、耐寒，不挑土质。在贫瘠和较为干旱的环境中生长较好，高温时在湿润的环境中生长较弱，需要注意。

月	1	2	3	4	5	6	7	8	9	10	11	12
观赏							花					
				叶								
养护		种植 施肥 分株、扦插							花后修剪			

蜀葵

Alcea rosea

锦葵科 欧洲

粉　红　黄

白　粉白　其他　绿

直立型

↕ 60~200cm

↔ 50~100cm

日照 全日照	耐寒性	耐热性

土壤 普	生命周期 长	生长速度 快

特征：花期正当酷暑，明亮的花朵怒放。植株较高，作为花园的背景十分美丽。

种植：喜日照充足、排水较好处。耐热性、耐寒性强，也不挑土质，习性十分强健。

月	1	2	3	4	5	6	7	8	9	10	11	12
观赏							花					
							叶					
养护			种植									
			施肥				花后修剪					
			分株									

蜀葵'查特斯棕'
Alcea rosea 'Chaters chestnut brown'

重瓣的蜀葵。属于查特斯重瓣系列品种。时髦的红棕色花色和华丽的花朵搭配时，格外有腔调。

蜀葵 '沙穆瓦玫瑰'
Alcea rosea 'Chater's Chamois Rose'

重瓣的蜀葵。花色如淡黄色和淡杏色交织的水彩画般绝妙。花朵较大，却让人感觉娇柔多情。

蜀葵 '查特斯黄'
Alcea rosea 'Chaters Yellow'

重瓣的蜀葵。花色、花形稳定，属于查特斯重瓣系列品种。淡淡的柠檬黄在夏季花坛中看起来格外清爽。

蜀葵 '查特斯红'
Alcea rosea 'Chaters Red'

重瓣的蜀葵。花色、花形稳定，属于查特斯重瓣系列品种。鲜红的花色，热情活泼，令人印象深刻。

蜀葵‘查特斯白’
Alcea rosea 'Chaters White'

重瓣的蜀葵。花形优美的查特斯重瓣系列白花
品种。植株高大，茎干挺立，一齐开放时格外
美丽。

蜀葵‘查特斯粉’
Alcea rosea 'Chaters Pink'

重瓣的蜀葵。花色、花形稳定，属于查特斯重
瓣系列品种。清爽的粉色花美丽动人，和其他
植物混栽也百搭。

黑色蜀葵
Alcea rosea var.*nigra*

黑褐色的花格外引人注目。可以让边境花园等
花园的色彩更集中。在高温时也能照开不误，
是较为强健的品种。

塔林蜀葵
Alcea rugosa

俄罗斯的原种蜀葵。生长繁殖较快，大型种，花
期观赏性强。在土壤较为肥沃、日照不充足处容
易倒伏，在较为贫瘠的土壤中反倒不易倒伏。

松果菊

Echinacea purpurea
菊科 北美洲

直立型 ↑60~120cm ↔40~80cm

粉　绿　香

| 日照 全日照 | 耐寒性 | 耐热性 |

| 土壤 普 | 生命周期 普 | 生长速度 普 |

特征：伞状花，夏季开放，其大花蕊令人印象深刻。耐热性、耐寒性强，生长强健，植株挺立。

种植：不喜荫蔽、湿润的环境。需要充足的日照和排水较好的土壤。花后会结种子，结实前需要修剪。

月	1	2	3	4	5	6	7	8	9	10	11	12
观赏						花						
				叶								
养护		种植 施肥 分株				花后修剪						

159

松果菊 '阿尔巴'
Echinacea purpurea 'Alba'

白色的花瓣和黄色的花蕊的组合散发时髦美好的气息。在夏季的多年生花园中是不可或缺的花。

淡紫松果菊 '草裙舞者'
Echinacea pallida 'Hula Dancer'

美国中部的原种淡紫松果菊的品种之一。细长的花瓣比原种更细，有时也会出现返祖现象。顾名思义，其姿态犹如舞者一般。

松果菊 '致命吸引力'
Echinacea purpurea 'Fatal Attraction'

深粉色的花瓣并不下垂，紧凑开放。花朵较大，但花头依然挺立。具有多花性，在花期时植株姿态优美，也是受人喜爱的品种。

松果菊 '绿色羡慕'
Echinacea purpurea 'Green Envy'

花蕾为绿色，随着开放会变为粉色，但在这个过程中会产生绿色的覆轮。稳重的色彩十分漂亮，而后花整体都会带上淡淡绿意。

黄花松果菊
Echinacea paradoxa

产自北美洲的原种，别名黄锥花。鲜艳的黄花十分美丽，花瓣细细垂落开放。连叶片的姿态都是较为纤细的。

松果菊 '丰收月亮'
Echinacea purpurea 'Harvest Moon'

初开时的黄花颜色浓艳，与绿色的花蕊组合起来明艳动人。花色随着开放逐渐变淡，色调优雅。习性强健。

松果菊 '椰子酸橙'
Echinacea purpurea 'Coconut Lime'

带有淡淡的酸橙绿的白色重瓣品种。花茎较为粗壮，植株紧凑，具有多花性，成熟植株也十分引人注目。

松果菊 '橙色热情'
Echinacea purpurea 'Orange Passion'

花色鲜艳的品种。花形较为整齐，个体差异小。株型紧凑，开花性好，习性强健。

松果菊 '热夏'
Echinacea purpurea 'Hot Summer'

初开时为明亮的橙色，随着开放变为大红色。开花性好，同时呈现红、橙两种花色，观赏性强。

松果菊 '童贞'
Echinacea purpurea 'Virgin'

花瓣并不下垂，平开。花瓣中央带有淡淡的绿意。白色花瓣和绿色花蕊的组合给人清爽的感觉。

松果菊 '热市瓜'
Echinacea purpurea 'Hot Papaya'

橙色的重瓣品种。初开时为黄色，而后转为橙色，随着开放也会出现红色。大型品种，植株较高。

松果菊 '绿色珍宝'

Echinacea purpurea 'Green Jewel'

花朵还是花蕾的时候为深绿色，徐徐绽放后逐渐呈现白色。自然脱俗，清爽的颜色变化十分美丽，很受欢迎的品种。修剪花朵要在夏季整理维护时进行最为合适。小型品种，和其他品种相比，生长繁殖略微缓慢。

松果菊 '轿跑'
Echinacea purpurea 'Coupe Soleil'

黄色的重瓣品种。初开时为深黄色，而后绽放渐变为柠檬黄色。颜色清丽，和夏天的花园十分搭配。

松果菊 '不可抗拒'
Echinacea purpurea 'Irresistible'

初开时为橙色带杏色，徐徐绽放后粉色渐渐显露。开放过程中颜色混杂，十分美丽。花较小。

松果菊 '怪人'
Echinacea purpurea 'Eccentric'

红色的重瓣品种。初开时为橙中带红，完全绽放时转为正红。习性强健，容易养护，株型紧凑。

松果菊 '粉色双重快乐'
Echinacea purpurea 'Pink Double Delight'

知名的粉色的重瓣品种。株型紧凑，有分量的重瓣花大量开放，十分引人注目。

松果菊 '皮科利诺'
Echinacea purpurea 'Piccolino'

小型种，株高在 40cm 以下。开花效果超群，球状小花渐次盛开，十分可爱。植株较小时就可开花。

松果菊 '夏日萨尔萨'
Echinacea purpurea 'Summer Salsa'

橙色的重瓣品种，网球般的大花令人印象深刻。初开时花朵中央部分为绿色，色彩美丽。

松果菊 '草莓酥饼'
Echinacea purpurea 'Strawberry Shortcake'

外层的花瓣为白色，中心则为草莓粉色。有和名字一样可爱的甜点颜色。生长繁殖略微缓慢。

花葱蓝刺头 '蓝色闪光'

Echinops bannaticus 'Blue Glow'

菊科 欧洲东南部

直立型

↕80~120cm
←40~60cm→

蓝 银

 日照 全日照 | 耐寒性 ❄ | 耐热性 ☀

 土壤 微干 | 生命周期 普 | 生长速度 普

特征：有着和蓟一样的姿态，茎叶呈现银灰色。夏季开放清爽的蓝色花朵。

种植：耐热性、耐寒性强，适合种植在排水良好的肥沃土壤中。在贫瘠的土地中也可生长，但需要注意避免过于湿润的环境。

月	1	2	3	4	5	6	7	8	9	10	11	12
观赏							花					
					叶							
养护		种植										
		施肥				花后修剪						
		分株										

花葱蓝刺头 '星星森林'

Echinops bannaticus 'Star Frost'

与花葱蓝刺头白花品种相比，它的茎干带银绿色。夏季开花，花色与茎色搭配清爽。在白色花园中使用也较为合适。花茎分枝性良好，可以开放大量的花。

堆心菊 '宝石红周二'
Helenium 'Ruby Tuesday'
菊科 北美洲

直立型
60~120cm
40~70cm

红 绿

日照 全日照　耐寒性 ❄　耐热性 🔆

土壤 普　生命周期 长　生长速度 快

特征：改良种。花色深红。花蕊如玉般圆润可爱。株型紧凑，不易倒伏。

种植：适宜种植在日照充足、排水良好处。在土壤贫瘠处也可生长。在肥沃或肥力过剩的土壤中容易徒长倒伏，需要支撑物。

月	1	2	3	4	5	6	7	8	9	10	11	12
观赏							花					
					叶							
养护			种植						花后修剪			
			施肥						分株、扦插			
			摘心									

堆心菊 '秋日棒棒糖'
Helenium puberulum 'Autumn Lollipop'

球形花蕊，花瓣好像翅根的羽毛般牢牢附着在下。有趣的花形十分可爱。可通过种子自播。作为切花也十分有趣。

堆心菊 '罗塞德·维克'
Helenium 'Loysder Wieck'

花色古典漂亮。球形花蕊旁，筒状花瓣像螺旋桨一样附着，十分有趣。开花性好，花量大。

 夏 Summer

167

黑心菊 '樱桃白兰地'

Rudbeckia hirta 'Cherry Brandy'
菊科 北美洲

直立型

←30~50cm→ ↕40~60cm

 其他 绿

| 日照 全日照 | 耐寒性 | 耐热性 |

| 土壤 普 | 生命周期 短 | 生长速度 快 |

特征：黑心金光菊的园艺品种。花色时髦，茶色、胭脂色、橙色花随机开放。
种植：适宜种植在日照充足、排水良好处。在温暖地区主要作为一年生、二年生草本植物种植，夏季时花可长时间开放。

月	1	2	3	4	5	6	7	8	9	10	11	12
观赏							花					
					叶							
养护		种植										
		施肥						花后修剪				
		分株										

西方金光菊 '绿色向导'

Rudbeckia occidentalis 'Green Wizard'
菊科 北美洲

直立型

←30~50cm→ ↕60~100cm

 绿 绿

| 日照 全日照 | 耐寒性 | 耐热性 |

| 土壤 普 | 生命周期 普 | 生长速度 慢 |

特征：黑色花蕊引人注目，花瓣几乎隐形，绿色的叶片仿佛巨大的花梗，个性十足，有趣极了。
种植：适合全日照环境种植。因为原生地在较为湿润的草原，所以避开特别干燥的环境会生长良好。

月	1	2	3	4	5	6	7	8	9	10	11	12
观赏							花					
					叶							
养护		种植										
		施肥						花后修剪				
		分株										

香金光菊 '亨利·艾勒斯'
Rudbeckia subtomentosa 'Henry Eilers'
菊科 中部美洲

直立型

↕ 80~150cm
←→ 40~60cm

特征：香金光菊的变异种。细细的筒状花十分可爱。开花性好，秋季可以持续开放。

种植：耐热性、耐寒性优秀，在较为干旱的环境中也可生长。喜充足日照，在荫蔽和较为湿润的区域容易徒长。

日照 全日照	耐寒性	耐热性

土壤 普	生命周期 长	生长速度 快

月	1	2	3	4	5	6	7	8	9	10	11	12
观赏							花					
				叶								
养护		种植										
		施肥						花后修剪			
		分株、扦插									

大头金光菊
Rudbeckia maxima
菊科 北美洲

直立型

↕ 1.2~2m
←→ 0.8~1.2m

日照 全日照	耐寒性	耐热性

土壤 普	生命周期 长	生长速度 普

月	1	2	3	4	5	6	7	8	9	10	11	12
观赏							花					
				叶								
养护		种植										
		施肥						花后修剪			
		分株									

特征：产自北美洲的原种。明亮的灰绿色叶片都是美丽的。株高长至 2m 左右需要注意其姿态。

种植：适宜种植在全日照、排水良好处。不喜肥料过剩，在贫瘠的土地中照样能大量开花，姿态美丽。

三裂叶金光菊 '高尾'
Rudbeckia triloba 'Takao'
菊科 北美洲

直立型

↕ 60~80cm
←→ 60~80cm

特征：花茎较细，容易分叉，密生小花。植株每年都会生长繁殖。

种植：在排水良好、日照充足处容易群生。种植在限定区域，如果是粗放管理，需要提早把种子修剪掉。

日照 全日照	耐寒性	耐热性

土壤 微干	生命周期 普	生长速度 快

月	1	2	3	4	5	6	7	8	9	10	11	12
观赏							花					
				叶								
养护		种植										
		施肥						花后修剪			
		分株、扦插									

赛菊芋属

赛菊芋 '夏日阳光'
Heliopsis helianthoides 'Summer Sun'
菊科 北美洲

 直立型
 ↕80~150cm
←80~120cm→

黄　绿

 日照 全日照　耐寒性　耐热性

 土壤　生命周期 长　生长速度 快

特征：有小向日葵之称，酷暑仍然开放。本种为重瓣花，可以保持较长时间开放。

种植：耐热性、耐寒性强，习性非常强健。粗放管理也能良好生长。在日本基本都可以生长。喜日照充足的环境。

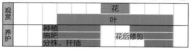

月	1	2	3	4	5	6	7	8	9	10	11	12
观赏						花						
					叶							
养护		种植										
		施肥					花后修剪					
		分株、扦插										

糙叶赛菊芋 '夏夜'
Heliopsis helianthoides var. *scabra* 'Summer Nights'

糙叶赛菊芋的铜叶品种。低温时叶片会变成铜色。叶片在花期稍微显绿，但茎干仍会呈现黑色，黄色花朵直立开放。

赛菊芋 '愉快洛蕴'
Heliopsis helianthoides 'Loraine Sunshine'

赛菊芋的斑叶品种。叶片带有白斑，叶脉呈现绿色网状。花朵和叶片都具有观赏性，观赏期非常长。

齿叶橐吾 '布里特 – 玛丽·克劳福德'

Ligularia dentata 'Brit–Mrie Crawford'

菊科 日本、中国

山丘型

↕60~100cm

←80~120cm→

 黄 棕

日照 半日照 ~ 阴 ｜ 耐寒性 ｜ 耐热性

土壤 适中 ｜ 生命周期 普 ｜ 生长速度 普

特征：在日本自生的齿叶橐吾品种。与其他铜叶品种相比，其颜色更深，特别有人气。

种植：适宜种植在土壤肥沃、不容易干旱处。日照充足则叶色浓郁。在温暖地区，天气酷热时需要种植在半日照处，避免阳光直射。

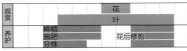

月	1	2	3	4	5	6	7	8	9	10	11	12
观赏							花					
					叶							
养护		种植										
		施肥				花后修剪						
		分株										

掌叶橐吾

Ligularia przewalskii

菊科 中国

直立型

↕80~150cm

←40~80cm→

 黄 绿

日照 半日照 ~ 阴 ｜ 耐寒性 ｜ 耐热性

土壤 适中 ｜ 生命周期 普 ｜ 生长速度 慢

月	1	2	3	4	5	6	7	8	9	10	11	12
观赏							花					
					叶							
养护		种植										
		施肥				花后修剪						
		分株										

特征：花茎高高挺立，开黄色花。长大后，植株直立，看起来气势雄壮。叶形也很有趣。

种植：喜冷凉、湿润的环境。温暖地区适宜种植在通风较好的半日照处，较为凉爽，更容易度夏。

171

单穗升麻 '浅黑色'
Actaea simplex 'Brunette'
毛茛科 亚洲东部及北部

直立型
↕ 1~1.5m
← 0.5~1m →

白 **棕** 香

| 日照 半日照 | 耐寒性 ❄ | 耐热性 🌡 |
| 土壤 普 | 生命周期 长 | 生长速度 普 |

特征：叶片棕色偏紫、茎干呈现黑色，非常美丽。
伸长的白色花穗与叶色对比强烈，植株较为大型。
种植：喜冷凉气候、肥沃土壤。夏季应避免
叶片被灼伤，建议种植在半日照处。

月	1	2	3	4	5	6	7	8	9	10	11	12
观赏								花				
						叶						
养护			种植									
			施肥					花后修剪				
			分株									

轮叶金鸡菊
Coreopsis verticillata
菊科 北美洲

直立型
↕ 30~60cm
← 60~100cm →

黄 绿

| 日照 全日照 | 耐寒性 ❄ | 耐热性 🌡 |
| 土壤 普 | 生命周期 长 | 生长速度 普 |

特征：茎干纤细，所以俗称系叶春车菊。地下
茎分布广泛，群生后地面上成片盛开黄色小花。
种植：耐热性、耐寒性强，但不喜湿润环境。
适宜种植在通风较好、排水良好、稍微干燥的
全日照处。

月	1	2	3	4	5	6	7	8	9	10	11	12
观赏							花					
						叶						
养护			种植									
			施肥			花后修剪						
			分株、扦插									

偏翅唐松草

Thalictrum delavayi
毛茛科 中国

紫 绿

直立型

↕80~120cm
←30~50cm→

日照 全日照~半日照　耐寒性 　耐热性

土壤 　生命周期 普　生长速度 普

特征：纤细的花茎上开放无数可爱的小花，植株较大时开花极其美丽。柔软的叶片也极具魅力。

种植：在日照充足、湿润的草原地带自生。喜冷凉气候，在温暖地区适宜种植在半日照、通风良好处。

月	1	2	3	4	5	6	7	8	9	10	11	12
观赏						花						
					叶							
养护		种植 施肥 分株				花后修剪						

金边阔叶麦冬

Liriope platyphylla 'Variegata'
天门冬科 亚洲东部

紫 绿

舒展型1

↕25~40cm
←30~60cm→

日照 全日照~半日照　耐寒性 　耐热性

土壤 　生命周期 长　生长速度 普

特征：具有光泽感的叶片外侧带有黄绿色的斑纹。花朵呈现淡紫色，大量开放时十分优美。

种植：耐热性、耐寒性强，耐干旱，不挑土质。日照充足时开花较好，日照不足时叶片过长。

月	1	2	3	4	5	6	7	8	9	10	11	12
观赏									花			
					叶							
养护		种植 施肥 分株								花后修剪		

偏翅唐松草 '阿尔巴'

Thalictrum delavayi 'Alba'

偏翅唐松草的白花品种。花形端正的美丽小花，以独特的姿态在枝头上集群开放。大量开放时远远看去，仿若云霞。

夏 Summer

柳叶珍珠菜

Lysimachia ephemerum
报春花科 西班牙等地

  白 绿

直立型

↕60~100cm
↔30~50cm

 日照 全日照～半日照　 耐寒性　 耐热性

 土壤 普　 生命周期 普　 生长速度 普

月	1	2	3	4	5	6	7	8	9	10	11	12
观赏						花						
					叶							
养护		种植										
	施肥				花后修剪							
	分株、扦插											

特征：花茎苗条细长，开放白色花。带点灰色的绿叶很有特征，与白色花朵组合起来十分美丽。
种植：在石灰岩地区自生，不喜酸性环境。喜水分，但要避开高温、湿热环境，种植时需要保持良好的通风。

缘毛过路黄 '爆竹'

Lysimachia ciliata 'Firecracker'
报春花科 北美洲

黄 棕

直立型
↕50~80cm
↔60cm 以上

日照 全日照～半日照　耐寒性　耐热性

土壤 普　生命周期 长　生长速度 快

月	1	2	3	4	5	6	7	8	9	10	11	12
观赏							花					
					叶							
养护		种植										
	施肥					花后修剪						
	分株、扦插											

特征：棕色的茎叶十分美丽，黄色的小花从叶腋处长出。地下茎分布广泛，可以群生。
种植：耐热性、耐寒性非常好，在湿润或干燥的环境中都可生长良好。不挑土质，可在大部分地区生长。

矮桃

Lysimachia clethroides
报春花科 中国、日本等地

白 绿

直立型
↕60~90cm
↔60cm 以上

日照 全日照～半日照　耐寒性　耐热性

土壤 普　生命周期 长　生长速度 快

月	1	2	3	4	5	6	7	8	9	10	11	12
观赏						花						
					叶							
养护		种植										
	施肥					花后修剪						
	分株、扦插											

特征：在日本的山野自生，下垂的花朵别具风情。群生的姿态富有野趣，美丽自然。
种植：耐热性、耐寒性强，喜湿润环境。地下茎分布广泛。日照充足时开花更好，不容易徒长。

花叶假龙头
Physostegia virginiana 'Variegata'
唇形科 北美洲东部

直立型
←80cm以上→ 50~100cm

 日照 全日照~半日照 | 耐寒性 | 耐热性

土壤 普 | 生命周期 长 | 生长速度 快

特征：地下茎分布广泛，成片开放。在夏季常常能见到非常受人欢迎的花朵。斑叶品种的叶片都极具观赏性。

种植：耐热性、耐寒性强，非常强健，无论在哪里都可粗放管理。日照充足时不徒长，姿态优美。

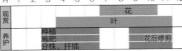

月	1	2	3	4	5	6	7	8	9	10	11	12
观赏							花					
				叶								
养护	种植											
	施肥							花后修剪				
	分株、扦插											

假龙头花 '水晶山峰白'
Physostegia virginiana 'Crystal Peak White'

日本俗称"花虎尾"。作为切花十分受欢迎。本种是植株矮小、开白花的改良种。习性强健，小型品种，适合绝大部分区域种植。

鼠尾草属

瓜拉尼鼠尾草

Salvia guaranitica
唇形科 墨西哥

直立型
←80~120cm→
←60~100cm→

蓝 绿 香

日照 全日照 | 耐寒性 | 耐热性

土壤 普 | 生命周期 长 | 生长速度 快

特征：黑色的萼片和深蓝紫色的花朵组合十分美丽。在日本俗称"草原香鼠尾草"。

种植：较为强健，可粗放管理。花后需要回剪到较短位置，耐热性、耐寒性强，但在非常寒冷的地区还是需要做好防寒准备。

月	1	2	3	4	5	6	7	8	9	10	11	12
观赏							花					
						叶						
养护			种植									
			施肥						花后修剪		
			分株、扦插								

滨藜叶分药花

Perovskia atriplicifolia
唇形科 亚洲中部

直立型
←60~100cm→
←40~60cm→

蓝 银 香

日照 全日照 | 耐寒性 | 耐热性

土壤 微干 | 生命周期 长 | 生长速度 普

特征：银灰色的茎干高高直立生长，姿态端正，和蓝色花朵的组合看起来十分清爽。

种植：不喜湿润的环境，在排水良好处更容易度夏。花后冬季需要重剪，以保持较为优美的姿态。

译者注：滨藜叶分药花的拉丁名已修订为 *Salvia yangii*。

月	1	2	3	4	5	6	7	8	9	10	11	12
观赏							花					
						叶						
养护			种植									
			施肥						花后修剪		
		摘心							分株、扦插	

鼠尾草 '靛蓝尖塔'

薰衣草鼠尾草　*Salvia* 'Indigo Spires'
唇形科　园艺品种

直立型
↕60~100cm
←60~80cm→

  蓝　绿　香

| 日照 全日照 | 耐寒性 | 耐热性 |

| 土壤 普 | 生命周期 长 | 生长速度 快 |

月	1	2	3	4	5	6	7	8	9	10	11	12
观赏							花					
						叶						
养护		种植 施肥							花后修剪			
			摘心				分株、扦插					

特征：花穗在花朵绽放时会长高，花朵可以从夏季一直开到冬季。耐热性强，所以在夏季和秋季时生长也很旺盛。

种植：为了让株型更加整齐，可以从茎干底部回切。在寒冷地区需要进行防寒措施。

锡那罗亚鼠尾草

Salvia sinaloensis
唇形科　墨西哥

山丘型
↕20~30cm
←40~60cm→

  蓝　棕

| 日照 全日照 | 耐寒性 | 耐热性 |

| 土壤 普 | 生命周期 长 | 生长速度 普 |

月	1	2	3	4	5	6	7	8	9	10	11	12
观赏							花					
						叶						
养护		种植 施肥 分株、扦插							花后修剪			

特征：小型种，植株茂密，深蓝色花朵和棕色叶片的对比美丽。花期较长，观叶也很享受。

种植：不喜潮湿的环境，适宜种植在日照充足、排水良好处。有一定的耐寒性，冬季也不容易被冻伤。

天蓝鼠尾草

Salvia uliginosa
唇形科　墨西哥

直立型
↕60~100cm
←40~60cm→

  蓝　绿　香

| 日照 全日照 | 耐寒性 | 耐热性 |

| 土壤 适中 | 生命周期 长 | 生长速度 普 |

月	1	2	3	4	5	6	7	8	9	10	11	12
观赏							花					
						叶						
养护		种植 施肥							花后修剪			
			摘心				分株、扦插					

特征：从夏季到秋季的炎热时节，花茎挺立伸长，湛蓝色的花朵随风招摇，让人倍感清凉。

种植：喜微微湿润、日照充足的环境。花谢后需要强剪。

荆芥叶新风轮菜

Calamintha nepetoides
唇形科 欧洲

山丘型
↕30~50cm
←30~60cm→

日照 全日照	耐寒性	耐热性
土壤 普	生命周期	生长速度 普

特征：花期超长，在盛夏也能开满小白花，十分清爽。低温时花朵稍稍带紫色。

种植：花可以从初夏一直开到秋季不停歇。为了避免花开泛滥，花期需要进行修整。

月	1	2	3	4	5	6	7	8	9	10	11	12
观赏							花					
					叶							
养护		种植										
		施肥					花后修剪					
		分株、扦插										

晚秋泛紫

火炬花

Kniphofia uvaria
阿福花科 南非

直立型
↕60~120cm
←50~100cm→

日照 全日照	耐寒性	耐热性
土壤 普	生命周期 长	生长速度 慢

特征：也被称为"大火炬花"。植株高大挺拔，花茎粗壮，不易倒伏，气势惊人。

种植：日照不足时开花性较差，需要种植在日照充足处。不喜湿润环境，建议种植在排水良好处。耐热性、耐寒性强。

月	1	2	3	4	5	6	7	8	9	10	11	12
观赏							花					
					叶							
养护		种植										
		施肥					花后修剪					
		分株										

牛至 '肯特美人'

Origanum 'Kent Beauty'
唇形科 欧洲

舒展型 1
↕15~25cm
←20~40cm→

粉 绿 香

日照 全日照　耐寒性　耐热性

土壤 微干　生命周期 普　生长速度 普

特征：淡绿色的萼片徐徐转为粉色。萼片中间
开放小花，花朵秀丽淡雅。

种植：适宜种植在排水良好、日照充足处。
花后从接近地面部分进行修剪。在非常寒冷
的地区冬季需要注意防寒。

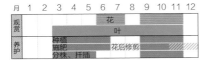

月	1	2	3	4	5	6	7	8	9	10	11	12
观赏						花						
						叶						
养护		种植										
		施肥				花后修剪						
		分株、扦插										

圆叶牛至

Origanum rotundifolium

'肯特美人'的亲本。和子代相比萼片更大，
几乎不会变成粉色。株型紧凑，有一定的向外
生长的习性。

美国薄荷

Monarda didyma
唇形科 北美洲等地

红　绿　香

直立型

日照 全日照　耐寒性　耐热性

土壤 普　生命周期 普　生长速度 快

特征：鲜艳的红色花朵，花茎高高伸长、引人注目。这样的花色较为少见，可以给夏季的花坛增色不少。

种植：在贫瘠的土地中也可生长，但在肥沃的土地中能生长良好。预防白粉病需要保持良好的通风。习性强健，可粗放管理。

月	1	2	3	4	5	6	7	8	9	10	11	12
观赏						花						
					叶							
养护		种植										
		施肥				花后修剪						
		分株、扦插										

180

美国薄荷 '艾尔西的薰衣草'
Monarda didyma 'Elsie's Lavender'

明亮的薰衣草色花朵。随着花朵的绽放，逐渐能
看到淡淡的蓝色。姿态纤细，开花性良好。地下
茎分布广泛。

美国薄荷 '紫色大公鸡'
Monarda didyma 'Purple Rooster'

鲜艳的紫红色品种。美国薄荷是夏
季开花的代表性宿根植物，也被称
为"松明花"，从古代开始就为人所
喜爱。

美国薄荷 '阿尔巴'
Monarda didyma 'Alba'

美国薄荷的白花品种，可以通过地
下茎广泛生长。在夏季白色花朵成
片盛开，令人倍感清爽。白花品种
生长发育快，生长广泛。

抱茎蓼 '胖多米诺'

Persicaria amplexicaulis 'Fat Domino'
蓼科 喜马拉雅

直立型
↕80~120cm
↔50~80cm

红 绿

日照 全日照 耐寒性 耐热性

土壤 普 生命周期 普 生长速度 快

特征：大花，蓼的一种。从夏天开始开花，会一直到晚秋，展示其优美的风情。

种植：在贫瘠的土地中也能开花，但是在肥沃的土壤中花朵会绽放得更大，叶片也能保持美丽的姿态。可以粗放管理。

月	1	2	3	4	5	6	7	8	9	10	11	12
观赏							花					
				叶								
养护		种植										
		施肥						花后修剪				
		分株										

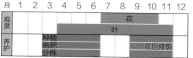

译者注：抱茎蓼的拉丁名已修订为 *Bistorta amplexicaulis*。

抱茎蓼 '金箭'

Persicaria amplexicaulis 'Golden Arrow'

黄金叶片与红色花朵的对照给人印象深刻。株型紧凑，不易倒伏，在日照不足处叶片的颜色变淡，但是在强光处注意避免叶片被灼伤。

百子莲

Agapanthus

石蒜科 南非

蓝　绿

日照 全日照　　耐寒性　　耐热性

土壤　普　　生命周期 长　　生长速度 普

特征：在夏季开放清爽的蓝色花，十分引人注目。花朵数目众多，看起来十分壮丽。习性强健，十分容易养护。

种植：在干燥处生长较强，在湿润处生长较弱，适宜种植在日照充足、排水良好处。可以粗放管理，但是在寒冷地带，冬季需要注意防寒。

月	1	2	3	4	5	6	7	8	9	10	11	12
观赏							花					
						叶						
养护		种植										
		施肥					花后修剪					
		分株										

百子莲 '银月'

Agapanthus 'Silver Moon'

叶片带有白边，和花朵相映成趣。在开花比较困难的带锦斑的百子莲品种中，这个品种算是比较容易开花的了。在花期以外也可欣赏叶片。

早花百子莲 '重瓣'

Agapanthus praecox 'Flore Pleno'

淡蓝色的重瓣花品种。花朵不会完全打开，呈袋状开放，也被称为"抱开"。植株较小时就可开花。

宿根福禄考

天蓝绣球 *Phlox paniculata*
花葱科 北美洲

直立型

↕ 60~100cm
← 40~60cm →

 粉 绿

 日照 全日照   耐寒性   耐热性

 土壤 普   生命周期 长   生长速度 普

特征：酷暑时也能很好开花，具有代表性的夏季宿根植物。习性强健，不挑土，可以粗放管理，每年都开花。

种植：适合种植在排水良好、日照充足处。较为耐旱，在湿润的环境中容易感染白粉病。

月	1	2	3	4	5	6	7	8	9	10	11	12
观赏						花						
					叶							
养护			种植									
			施肥			花后修剪						
			分株									

宿根福禄考 '蓝色天堂'

Phlox paniculata 'Blue Paradise'

花初开时呈现紫红色，随着绽放逐渐变为蓝色。生长较为快速的高大品种。头状花序上的小花一齐盛放，十分惹眼。香味也十分好闻。

宿根福禄考'朱迪'
Phlox paniculata 'Jade'

可爱的圆形花朵，花朵外侧带有绿色边缘，十分漂亮的宿根福禄考。在夏季看起来很清爽。

宿根福禄考'粉色山峰'
Phlox paniculata 'Pinky Hill'

宿根福禄考中最大的大轮花，一朵花的直径近乎4cm。花色是可爱的粉色，花形也十分端正。

宿根福禄考'红色感觉'
Phlox paniculata 'Red Feelings'

细细的筒状花密集开放，如手鞠球一般，令人印象深刻。花朵不容易凋谢，能长时间观赏，所以作为切花也不错。

宿根福禄考'星火'
Phlox paniculata 'Starfire'

鲜艳的红花热烈奔放，十分适合夏季花坛。茎、叶带有黑色，与花色形成强烈对比。花茎较粗，姿态优美，习性强健。

宿根福禄考'龙卷风'
Phlox 'Twister'

白色端正的圆形花，有着如线描一般的粉色线条。艺术感极强，引人注目。虽然是小型品种，但其姿态十分优美，也很适合在庭院栽种。

宿根福禄考'克莉奥·帕特拉'
Phlox paniculata 'Cleopatra'

花朵的中央部分隆起，仿佛有着两层花瓣，是格外稀有的花形。虽然花朵色彩鲜艳，但是植株身段纤细，给人楚楚可怜的感觉。

蚊子草属

旋果蚊子草
Filipendula ulmaria
蔷薇科 亚洲西部、欧洲

 直立型
↕60~120cm
←50~80cm→

 绿 香

日照 全日照~半日照 | 耐寒性 | 耐热性

土壤 普 | 生命周期 长 | 生长速度 普

特征：植株高度可超过 1m，绽放乳白色柔软的花朵，被誉为"草地女王"。

种植：沿着草地和河流边沿自生。喜湿润的环境，讨厌干燥的环境。适合种植在日照充足至半日照处。

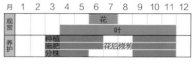
花叶旋果蚊子草

月	1	2	3	4	5	6	7	8	9	10	11	12
观赏						花						
					叶							
养护		种植										
		施肥			花后修剪							
		分株										

川续断 '结霜珍珠'
Succisella inflexa 'Frosted Pearls'
忍冬科 欧洲

 直立型
↕60~80cm
←50~80cm→

 白 绿

日照 全日照 | 耐寒性 | 耐热性

土壤 普 | 生命周期 普 | 生长速度 普

特征：它和紫盆花的近缘种有着相似的姿态，但并非装饰花，仿佛毛球般可爱。

种植：在半日照处也可开花，但种植在日照充足处开花良好。喜排水良好的肥沃土壤。

月	1	2	3	4	5	6	7	8	9	10	11	12
观赏							花					
				叶								
养护		种植										
		施肥				花后修剪						
		分株										

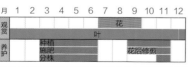

黄锦旋果蚊子草
Filipendula ulmaria 'Aurea'

明亮的黄金叶是它的特征，刚发芽时叶色炫目迷人，并可以保持长时间的美丽。夏季时，黄金叶与白色的柔美花朵组合，十分值得欣赏。

蚊子草'红伞'
Filipendula 'Red Umbrellas'

蚊子草的品种之一。带有棕色的叶片富有魅力，会让花园更具时尚的气质。粉色的穗状花十分柔美。

千屈菜
Lythrum anceps
千屈菜科 日本、朝鲜半岛

直立型

80~200cm
←50~80cm→

 粉 绿

 日照 全日照~半日照　耐寒性 　耐热性

 土壤 适中　生命周期 长 　生长速度 快

特征：从夏天到秋天一直开放高高的粉色花朵。花朵在风中摇曳，格外有风情。

种植：耐热、耐寒，习性极为强健。虽然是湿地植物，但绝大部分地区都可以生长。

月	1	2	3	4	5	6	7	8	9	10	11	12
观赏								花				
						叶						
养护			种植 施肥 分株						花后修剪			

旋果蚊子草'重瓣'
Filipendula ulmaria 'Flore Pleno'

旋果蚊子草的重瓣品种，花朵密生如球状开放。比一般品种更加低矮，若植株生长广泛，可以达到花开满园的效果，姿态优美。

译者注：千屈菜的拉丁名已修订为 *Lythrum salicaria*。

紫八宝 '秋乐'

Sedum telephium 'Autumn Joy'
景天科 欧洲

山丘型
←25~40cm→
←40~60cm→

特征：耐热性、耐寒性强的大型多肉植物。紫八宝在欧美十分有人气，有非常多的品种，本种株型紧凑，容易栽培，所以也可在庭院种植。叶色富有魅力，花朵呈星形。冬季枯萎的花朵残留在枝头上可以成为装饰花园的花材。独特的造型成为庭院的亮点，和草花搭配，可以成为非常有趣的栽培组合。

种植：可以忍受一定的潮湿和缺少光照的环境，可以种植在岩石、斜坡、沙砾地、贫瘠地区等。但是在土壤肥沃并且多水的环境中容易倒伏。可以忍受干旱，种植在其他草花不能种植的地方。虽然比较少发病害，但害虫苹果巢蛾会吞食叶片，所以需要进行防治。冬季落叶越冬，而后基部萌生冬芽。

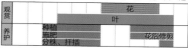

月	1	2	3	4	5	6	7	8	9	10	11	12
观赏								花				
							叶					
养护		种植										
		施肥							花后修剪			
		分株、扦插										

译者注：紫八宝的拉丁名已修订为 *Hylotelephium telephium*。

188

紫八宝‘熟悉的陌生人’
Sedum telephium 'Xenox'

叶片深灰色。随着花朵绽放，花色从淡粉色逐渐变深，更加雅致。叶片和花朵的配色看起来时尚精致，十分漂亮。

紫八宝‘柑橘闪烁’
Sedum telephium 'Citrus Twist'

冰激凌色的花朵十分漂亮，银灰色的叶片在充足的日照下会带红色，习性强健，非常容易养护。

八宝‘迷雾早晨’
Sedum erythrostictum 'Frosty Morn'

亮绿色的叶片外侧带着白色斑点，花朵中央带有淡粉色条纹。叶片和花朵的颜色十分相衬，看起来鲜艳美丽。

译者注：八宝的拉丁名已修订为 *Hylotelephium erythrostictum*。

紫八宝‘草莓和冰激凌’
Sedum telephium 'Strawberry and Cream'

拥有草莓粉色和冰激凌色的双重花色，开着球状的大花，开花性好。

秋
Autumn

秋季花园里植物的种类虽然减少，但在开花的宿根植物别具日式风情。

败酱属

败酱

Patrinia scabiosifolia
败酱科 亚洲东部及北部

直立型
↕ 1~1.5m
← 0.6~1m →

黄　绿

 日照 全日照 耐寒性 耐热性

 土壤 普 生命周期 长 生长速度 普

特征：秋天的七草（7 种有特色的野草）之一，自古以来就被熟知。黄色小花富有野趣，也可以用作切花。

种植：生长在日照充足的草地，喜欢肥沃并且有一定湿度的土壤。尽量避免种植在干旱的环境中。

月	1	2	3	4	5	6	7	8	9	10	11	12
观赏								花				
					叶							
养护			种植·施肥									
			分株						花后修剪			

白头婆

Eupatorium japonicum
菊科 亚洲东部

直立型
↕ 50~100cm
← 60~100cm →

白　绿

 日照 全日照~半日照 耐寒性 耐热性

 土壤 普 生命周期 生长速度 普

月	1	2	3	4	5	6	7	8	9	10	11	12
观赏								花				
					叶							
养护			种植·施肥									
			分株·扦插						花后修剪			

特征：秋天的七草（7 种有特色的野草）之一，在日本近乎灭绝。现在流通得较多的还是杂交的林泽兰。

种植：虽然也可以种植在半日照处，但在日照充足处开花更好，植株更低矮。地下茎广泛蔓延，群生。

190

紫茎泽兰

Eupatorium coelestinum(Conoclinium coelestinum)
菊科 北美洲

山丘型
←25~50cm→
←40~100cm→

日照 全日照~半日照　耐寒性 　耐热性

土壤 普　生命周期 长　生长速度 普

特征：通过地下茎繁殖，花期成片盛开紫色的花朵，和藿香蓟的花十分相似。

种植：喜日照充足的环境，但也可以在半日照处生长。不挑土，种植区域广泛。习性强健，可粗放管理。

译者注：紫茎泽兰的拉丁名已修订为 *Ageratina adenophora*。

月	1	2	3	4	5	6	7	8	9	10	11	12
观赏								花				
				叶								
养护		种植·施肥								花后修剪		
		分株、扦插										

蛇根泽兰 '巧克力'

Eupatorium rugosum(=Ageratina altissima)
'Chocolate'
菊科 北美洲

直立型
←60~100cm→
←30~60cm→

特征：和泽兰同属。带有褐色的绿叶富有观赏价值，与从秋天开始盛开的白色花朵相映成趣，看起来格外时髦。

种植：喜微微湿润的土壤，可以忍受微微干旱的环境。无论是全日照还是半日照环境都可以养护。

日照 全日照~半日照　耐寒性 　耐热性

土壤 普　生命周期 普　生长速度 普

月	1	2	3	4	5	6	7	8	9	10	11	12
观赏								花				
				叶								
养护		种植										
		施肥								花后修剪		
		分株、扦插										

紫菀
Aster
菊科 北美洲

粉 红 紫 蓝 橙
黄 白 乳白 绿 其他 绿

直立型
←30~80cm→ ↕40~150cm

日照 全日照 耐寒性 耐热性

土壤 生命周期 长 生长速度 普

特征：给色彩寡淡的秋日花园增添色彩的开花植物。紫菀的品种非常多，大部分都非常好养护。

种植：宿根紫菀虽然有非常多的分类，但无论是哪一种，在日照充足的庭院地栽都可以粗放管理。

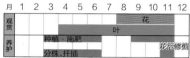

月	1	2	3	4	5	6	7	8	9	10	11	12
观赏									花			
					叶							
养护			种植·施肥								花后修剪	
			分株、扦插									

重瓣种

192

银叶穗花婆婆纳

Veronica ornata
车前科 日本

  蓝 银

直立型

←30~50cm→
↕30~50cm

日照 全日照　耐寒性　耐热性

土壤 普　生命周期 普　生长速度 普

月	1	2	3	4	5	6	7	8	9	10	11	12
观赏								花				
						叶						
养护		种植·施肥										
			摘心						花后修剪			
		分株、扦插										

特征：秋天开花的银叶穗花婆婆纳，原产于日本近畿的山阴处。靛蓝色的花与银灰色叶片相衬，十分美丽。

种植：喜日照充足、排水良好、土壤肥沃的环境，能忍受一定程度的干旱。如果土壤过度湿润，容易造成其长得太高而倒伏。

打破碗花花

Anemone hupehensis
毛茛科 中国

 白 绿

直立型

←40~70cm→
↕50~120cm

日照 全日照~半日照　耐寒性　耐热性

土壤 普　生命周期 普　生长速度 普

特征：植株高大，在风中摇曳的姿态，让人感知秋天的情趣。自古以来就为人熟知的一种开花植物。

种植：虽然耐热性强、耐寒性强、习性强健，但喜冷凉气候，不喜高温、湿润的环境。种植时排水性要较好。

月	1	2	3	4	5	6	7	8	9	10	11	12
观赏								花				
						叶						
养护		种植·施肥								花后修剪		
		分株										

打破碗花花 '丰富的哈德斯彭'

Anemone hupehensis 'Hadspen Abundance'

日本俗称"哈德斯彭"。单瓣花，花形和花色都十分独特。植株株型紧凑，开花性好，姿态优美。

193

单穗升麻 '白珍珠'

Actaea simplex
(=*Actaea matsumurae*) 'White Pearl'
毛茛科 亚洲东部及北部

直立型
↕ 1~1.5m
← 0.5~1m →

月	1	2	3	4	5	6	7	8	9	10	11	12
观赏									花			
						叶						
养护	种植											
	施肥									花后修剪		
	分株											

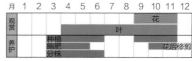

日照 半日照　耐寒性　耐热性

土壤　生命周期 长　生长速度 普

特征：单穗升麻的改良种。柔软的花瓣密集排列，以长长的穗状花姿态开放。相当美丽、令人印象深刻的花朵。
种植：喜肥沃的土壤。在日照充足处养护容易焦叶，最好在半日照处栽培。

升麻 '舍瓦皇后'

Cimicifuga 'Queen of Sheba'

单穗升麻的杂交种。叶片略带黑色，粗壮的花茎挺立伸长，白色柔软的花穗下垂。其高高生长的枝条很有设计感。

常春藤叶仙客来

Cyclamen hederifolium
报春花科 欧洲

舒展型 2

←20~40cm→

| 日照 全日照~半日照 | 耐寒性 | 耐热性 |
| 土壤 偏干 | 生命周期 长 | 生长速度 慢 |

特征：秋季开花，花后才长叶。耐热性、耐寒性强，在原生仙客来中属于好养护的类型。

种植：在排水良好的落叶树下自生。适合种植在半日照并且通风良好处。

月	1	2	3	4	5	6	7	8	9	10	11	12
观赏										花		
	叶											
养护									种植 施肥			
	分株											

常春藤叶仙客来 '专辑'

Cyclamen hederifolium 'Album'

常春藤叶仙客来的白花品种，开花时有着令人怜惜的气质。喜冷凉气候，耐寒性强，是少数可以在寒冷地区户外越冬的原生仙客来之一。

蓝色鼠尾草

天蓝花　*Salvia azurea*
唇形科　美国东南部

直立型
↕60~100cm
←30~50cm→

日照 全日照	耐寒性	耐热性
土壤 普	生命周期 普	生长速度 快

特征：在秋天绽放仿佛天空般湛蓝的小花，低温时会呈现荧光色，鲜艳夺目。

种植：喜日照充足、排水良好的环境。在贫瘠处也可养护。在春夏时节容易长得过快，需要进行修剪，以利于打造花期美丽的姿态。

月	1	2	3	4	5	6	7	8	9	10	11	12
观赏									花			
					叶							
养护		种植·施肥									花后修剪	
		摘心										
		分株、扦插										

匍匐鼠尾草 '西部税表'

Salvia reptans 'West Tax Form'
唇形科　北美洲

直立型
↕50~80cm
←20~40cm→

日照 全日照	耐寒性	耐热性
土壤 普	生命周期 普	生长速度 快

特征：匍匐鼠尾草的直立品种。钴蓝色的小花相当引人注目。枝条纤细，有着草本植物柔软的姿态。

种植：喜日照充足、土壤微微肥沃的环境。由于春夏期间生长太快，所以要进行修剪，调整株型，使其花期达到完美的姿态。

月	1	2	3	4	5	6	7	8	9	10	11	12
观赏									花			
					叶							
养护		种植·施肥									花后修剪	
		摘心										
		分株、扦插										

凤梨鼠尾草

Salvia elegans
唇形科 墨西哥·危地马拉

直立型
↕1~1.5m
←50~80cm→

 红 绿 香

日照 全日照 | 耐寒性 ❄ | 耐热性 ☀

土壤 普 | 生命周期 普 | 生长速度 快

月	1	2	3	4	5	6	7	8	9	10	11	12
观赏									花			
					叶							
养护		种植·施肥								花后修剪		
			摘心									
		分株·扦插										

特征：植株较高，鲜艳的红花从秋天一直开到初冬,成片盛开时令人印象深刻。叶片带有甜香。

种植：喜日照充足、排水良好的石灰质土壤环境。害虫非常少,可以粗放管理,耐寒性一般。

总苞鼠尾草

Salvia involucrata
唇形科 墨西哥

直立型
↕80~150cm
←40~80cm→

 粉 绿 香

日照 全日照 | 耐寒性 ❄ | 耐热性 ☀

土壤 普 | 生命周期 普 | 生长速度 快

特征：从球状的花蕾中开放粉色的花朵。生长快速，大株看起来十分美观。

种植：适合种植在日照充足、排水良好处。肥沃的土壤会让它长得过快。耐寒性一般，在寒冷地区需要防寒。

月	1	2	3	4	5	6	7	8	9	10	11	12
观赏									花			
					叶							
养护		种植·施肥								花后修剪		
			摘心									
		分株·扦插										

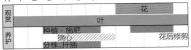

凤梨鼠尾草'黄金美味'

Salvia elegans 'Golden Delicious'

凤梨鼠尾草的品种之一。金黄的叶片与红花相衬，十分美丽。在秋季的低温影响下，叶色和花色会更加鲜艳，丰富了秋日的花园。

马德拉鼠尾草 '黄色陛下'

Salvia madrensis 'Yellow Majesty'
唇形科 墨西哥

 黄　绿

直立型

1.2~2m
←0.8~1.8m→

| 日照 全日照 | 耐寒性 | 耐热性 |

| 土壤 普 | 生命周期 | 生长速度 快 |

月	1	2	3	4	5	6	7	8	9	10	11	12
观赏									花			
					叶							
养护		种植·施肥										
		摘心							花后修剪			
		分株·扦插										

特征：高度可达 2m 的大型鼠尾草品种。无数的黄色花朵在植株顶处绽放，十分美丽。

种植：在日照充足、土壤肥沃处生长良好，耐寒性一般。在寒冷地区入冬之前，常作一年生草本植物种植。

墨西哥鼠尾草

Salvia leucantha
唇形科 墨西哥

紫　绿

直立型

80~120cm
←80~180cm→

| 日照 全日照 | 耐寒性 | 耐热性 |

| 土壤 普 | 生命周期 普 | 生长速度 快 |

特征：别名紫绒鼠尾草。花穗高高伸长，在带有天鹅绒质感的柔软萼片处开花。

种植：喜十分充足的日照和水分，在初夏之前进行修剪，以控制其高度。

月	1	2	3	4	5	6	7	8	9	10	11	12
观赏									花			
					叶							
养护		种植·施肥										
		摘心							花后修剪			
		分株·扦插										

油点草

Tricyrtis

百合科 日本，中国台湾地区

直立型

←20~80cm→ ↕30~90cm

日照 半日照　耐寒性　耐热性

土壤 适中　生命周期 普　生长速度 普

特征：在太平洋旁多自生。非常有趣的花朵，在日本和欧美都很受欢迎，有各种各样的品种和杂交种。

种植：原产于山地，生长于半日照、湿润的岩石缝中。喜水，但过涝容易使根系变弱，喜排水较好处。

月	1	2	3	4	5	6	7	8	9	10	11	12
观赏								花				
					叶							
养护			种植·施肥							花后修剪		
			分株									

长满耆草、荆芥和腹水草等开花的宿根植物和月季的花园（轻井泽月季庄园）

铁线莲

Clematis

被称为"藤本皇后"的铁线莲，性状、花形、花色都丰富多彩。

长瓣铁线莲 '威瑟尔顿'

Clematis macropetala 'Wesselton'
毛茛科 中国

爬藤型
2~3m
←40~60cm→

蓝 绿

日照 全日照~半日照	耐寒性	耐热性
土壤 普	生命周期 普	生长速度 普

特征：长瓣铁线莲中的大花品种。初花时花瓣呈现深蓝色，随着花朵的绽放渐渐成为湛蓝色。

种植：老枝开花，轻度修剪。冬季修剪徒长枝条和细弱枝条。养护几年后需要进行重剪。

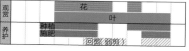

月	1	2	3	4	5	6	7	8	9	10	11	12
观赏					花							
						叶						
养护			种植 施肥									
				回变 弱剪								

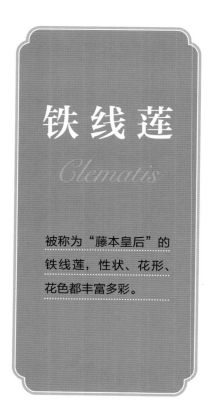

202

长瓣铁线莲 '柠檬铃铛'

Clematis chiisanensis 'Lemon Bells'
毛茛科 朝鲜半岛

爬藤型
2~3m
←40~60cm→

 黄 绿

 日照 全日照~半日照 耐寒性 耐热性

土壤 普 生命周期 普 生长速度 普

月	1	2	3	4	5	6	7	8	9	10	11	12
观赏					花							
						叶						
养护		种植										
		施肥										
						可剪（弱剪）						

特征：在同系中，'柠檬铃铛'拥有相当罕见的黄色花朵，引人注目。属于大花品种，花朵直径大约10cm,厚厚的花瓣使得它的花期较久。
种植：老枝开花，轻度修剪。冬季修剪徒长枝条和细弱枝条。养护几年后需要进行重剪。

铁线莲

毛蕊铁线莲

日本铁线莲 *Clematis japonica*
毛茛科 日本

爬藤型
4~6m
←50~80cm→

 红 绿

 日照 全日照~半日照 耐寒性  耐热性

 土壤 普 生命周期 普 生长速度 快

特征：有趣的开花植物，具有日本特征的原种铁线莲，原生于日本本州到九州区域。花呈铃铛形，长3cm左右，红褐色，风格古朴美丽。十分适合种植在以山野草为主体的和风花园、自然风花园中。常常用作茶室装饰花。

种植：一年生枝条和老枝均可开花。冬季轻剪，只需要修剪掉没有花芽的枝条和徒长的枝条。耐热性、耐寒性强，粗放管理也会开放数不清的花朵，十分美丽。花后夏天尽可能地对枝条进行整理、牵引，来整理整体的姿态。为了第二年开花，秋季不要进行强剪，只需进行牵引。植株变老的情况下，如果要整理枝条，无论冬夏都可以进行强剪，之后再生的情况也不错。

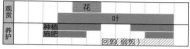

月	1	2	3	4	5	6	7	8	9	10	11	12
观赏					花							
						叶						
养护			种植									
			施肥									
							回剪（弱剪）					

铁线莲 '白万重'

Clematis florida 'Alba Plena'
毛茛科 中国

爬藤型

2~3m
←40~60cm→

| | 日照 全日照~半日照 | 耐寒性 | 耐热性 |
| | 土壤 普 | 生命周期 普 | 生长速度 普 |

特征:花蕾为绿色，随着开花逐渐变成奶白色，非常优雅。著名的人气品种。

种植:虽然可以进行强剪，但藤蔓较细，所以轻剪也可以。在极寒地区需要注意防寒。

月	1	2	3	4	5	6	7	8	9	10	11	12
观赏					花							
					叶							
养护			种植									
			施肥			花后修剪 回剪						

铁线莲 '新幻紫'

Clematis florida 'Viennetta'

'老幻紫'的改良种。瓣化的雄蕊膨大为半球形，如绒球般绽放。单花可以保持长时间开放，观赏期较长。

蒙大拿组铁线莲

红花绣球藤 *Clematis montana* var. *rubens*
毛茛科 中国

爬藤型

特征：蒙大拿组铁线莲生长快速，开花时成片绽放，并且带有好闻的香气。在欧洲，蒙大拿组铁线莲被当作覆盖墙面的指定品种。花形整齐，粉色的花朵明亮动人。大范围密集开放，十分壮观，虽然只开一季花，但其优秀的开花性还是有目共睹的。

种植：蒙大拿组铁线莲的生长需要爬藤，第二年在旧枝条上开花。冬季进行强剪会影响开花，所以只需进行轻剪。但是，为了使爬藤更快生长，还是需要在冬季修剪掉没有芽点的细弱枝、徒长枝，进行整体的修整。为了能开更多的花，花期过后，要对枝条过于茂密的部位进行修剪，即从整体的一半部位进行回剪，促进低矮处的分枝生长。因为在日本的气候环境，蒙大拿组铁线莲的生命周期大概为 5 年，所以需要把一部分爬藤枝条的节间部分埋在土里，使其生长出新的植株。

月	1	2	3	4	5	6	7	8	9	10	11	12
观赏				花								
				叶								
养护			种植									
			施肥									
					回剪（弱剪）							

蒙大拿组铁线莲'星光'

Clematis montana 'Starlight'

蒙大拿组中也有好几种重瓣花，但是本种'星光'端丽的花朵在一众重瓣花中格外突出、美丽。生长稍微缓慢，紧凑的株型也可以开很多花。

开得很饱满的蒙大拿组铁线莲

铁线莲 '沃金美女'
Clematis 'Belle of Woking'
毛茛科 园艺品种

爬藤型
2~3m
←40~60cm→

  粉 绿

日照 全日照~半日照 | 耐寒性 | 耐热性

 土壤 普 | 生命周期 普 | 生长速度 快

特征：美丽、端正的花形，其大花全面绽放时令人印象深刻，具有四季开花性。
种植：老枝开花，轻剪。冬季修剪细弱枝即可。花后对生长得过高的枝条进行修剪，促进分枝变多。

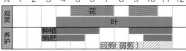

月	1	2	3	4	5	6	7	8	9	10	11	12
观赏					花							
					叶							
养护			种植									
			施肥									
						回剪（弱剪）						

铁线莲 '约瑟芬'
Clematis 'Josephine'
毛茛科 园艺品种

爬藤型
2~3m
←40~60cm→

粉 绿

日照 全日照~半日照 | 耐寒性 | 耐热性

土壤 普 | 生命周期 普 | 生长速度 快

特征：开放粉色、中央隆起的半重瓣花。洋溢着优雅气质的大花。四季开花。
种植：老枝开花，轻剪。冬季修剪细弱枝即可。花后对生长得过高的枝条进行修剪，促进分枝变多。

月	1	2	3	4	5	6	7	8	9	10	11	12
观赏					花							
					叶							
养护			种植									
			施肥									
						回剪（弱剪）						

铁线莲 '爱丁堡公爵'
Clematis 'Duchess of Edinburgh'
毛茛科 园艺品种

爬藤型
2~3m
←40~60cm→

日照 全日照~半日照 | 耐寒性 | 耐热性

土壤 普 | 生命周期 普 | 生长速度 快

月	1	2	3	4	5	6	7	8	9	10	11	12
观赏					花							
					叶							
养护		种植 施肥										
				回剪（弱剪）								

特征：大花，花蕾为绿色，随着花朵的绽放，花色转为白色，颜色变化自然，十分美丽。
种植：老枝开花，轻剪。冬季修剪细弱枝即可。花后对生长得过高的枝条进行修剪，促进分枝变多。

铁线莲 '鲁佩尔博士'
Clematis 'Dr.Ruppel'
毛茛科 园艺品种

爬藤型
2.5~3m
←40~60cm→

日照 全日照~半日照 | 耐寒性 | 耐热性

土壤 普 | 生命周期 普 | 生长速度 快

特征：自古就被园丁钟爱的高人气品种。在庭院种植能很好地体现其华丽的气质，让空间变得更加明亮。
种植：老枝开花，轻剪。冬季修剪细弱枝即可。花后对生长得过高的枝条进行修剪，促进分枝变多。

月	1	2	3	4	5	6	7	8	9	10	11	12
观赏					花							
					叶							
养护		种植 施肥										
				回剪（弱剪）								

铁线莲 'H.F.杨'
Clematis 'H.F. Young'

和‘鲁佩尔博士’相比，知名度并不高的品种，但是其开花性好，花色美丽优雅，也有很多被爱上的理由。四季开花。

铁线莲 ‘罗曼蒂克’
Clematis 'Romantika'
毛茛科 园艺品种

爬藤型
2~3m
←40~60cm→

日照 全日照~半日照	耐寒性 ❄	耐热性 ☀

土壤 普	生命周期 普	生长速度 快

特征：被比喻为黑色蝴蝶的花，花色浓郁，具有压迫感。和具有明亮花色的月季组合，效果不错。

种植：晚花大花组铁线莲，新枝开花。花后进行强剪会再次开放。冬季修剪只需留取地上部分的 1~3 节，其余部分全部修剪。

月	1	2	3	4	5	6	7	8	9	10	11	12
观赏					花							
						叶						
养护			种植 施肥									
					花后修剪						回剪	

全缘铁线莲 ‘花岛’
Clematis integrifolia 'Hanajima'

不会爬藤的草本铁线莲，开明亮的粉色花，是在全缘铁线莲的普及品种中最为强健的。庭院地栽时粗放管理也可以快速长大。

全缘铁线莲 ‘哈德森’
Clematis integrifolia 'Hendersonii'
毛茛科 亚洲中部

爬藤型
50~80cm
←40~60cm→

日照 全日照~半日照	耐寒性 ❄	耐热性 ☀

土壤 普	生命周期 普	生长速度 普

月	1	2	3	4	5	6	7	8	9	10	11	12
观赏					花							
					叶							
养护			种植 施肥									
					花后修剪							

特征：草本铁线莲。有着野草一般的可怜姿态。花朵具有好闻的香气。

种植：新枝开花。花后在接近地面的部位进行修剪后会复花。从地表中心部位发芽，冬季也需要进行强剪。

铁线莲 ‘尤里’

Clematis 'Juuli'

毛茛科 园艺品种

爬藤型

↕1.5~3m
←40~60cm→

蓝 绿

| 日照 全日照~半日照 | 耐寒性 | 耐热性 |
| 土壤 普 | 生命周期 普 | 生长速度 快 |

特征：花形较为整齐，半爬藤，因其爬藤能力不够而需要牵引。

种植：非常强健的品种，所以对于新手也十分推荐。新枝开花，所以花后和冬季需要进行修剪，保留1~3节。

月	1	2	3	4	5	6	7	8	9	10	11	12
观赏					花							
				叶								
养护			种植 施肥									
					花后修剪							

铁线莲 ‘如古’

Clematis 'Rouguchi'

毛茛科 园艺品种

爬藤型

↕1.5~3m
←40~60cm→

紫 绿

| 日照 全日照~半日照 | 耐寒性 | 耐热性 |
| 土壤 普 | 生命周期 长 | 生长速度 快 |

特征：有光泽感的深色花，自身没有爬藤性，可以半爬藤。在生命周期较短的铁线莲中算生命周期长的了。

种植：非常强健的品种，所以对于新手也十分推荐。新枝开花，所以花后和冬季需要进行修剪，保留1~3节。

月	1	2	3	4	5	6	7	8	9	10	11	12
观赏					花							
				叶								
养护			种植 施肥									
					花后修剪							

铁线莲 '戴安娜公主'

Clematis 'Princess Diana'

毛茛科 园艺品种

爬藤型

2-3m

40~60cm

日照 全日照~半日照	耐寒性	耐热性
土壤 普	生命周期 普	生长速度 快

特征：形似郁金香，因为有厚厚的花瓣，所以花期持久。花色较好，是受欢迎的铁线莲品种之一。

种植：新枝开花。花后和冬季需要进行修剪，保留 1~3 节。习性强健，长势快，花后需要进行回剪。

月	1	2	3	4	5	6	7	8	9	10	11	12
观赏					花							
						叶						
养护		种植 施肥										
						花后修剪						

铁线莲 '凯特公主'

Clematis 'Princess Kate'

从'戴安娜公主'中培育出的新花色，自2011 年开始在市场上流通。继承了'戴安娜公主'的厚实花瓣，开红白双色花。开花性好。

双色铁线莲

Clematis versicolor

原产于美国东南部的奥扎克山脉的原生铁线莲。小小的壶形花具有个体差异，有粉色和白色两种花色，十分惹人喜爱。

红花铁线莲 '斯嘉丽'
Clematis texensis 'Scarlet'
毛茛科 北美洲

爬藤型

2~3m
←40~60cm→

日照 全日照~半日照　耐寒性　耐热性

土壤 普　生命周期 普　生长速度 快

月	1	2	3	4	5	6	7	8	9	10	11	12
观赏					花							
					叶							
养护			种植 施肥									
				花后修剪							

特征：可爱壶形的大红色花。需要进行实生苗栽培，所以市场上流通较少。
种植：新枝开花。花后和冬季需要进行修剪，保留 1~3 节。需要通风较好的环境，注意避免白粉病的侵染。

甘青铁线莲
Clematis tangutica
毛茛科 中国

黄　绿

爬藤型

3~4m
←50~80cm→

特征：黄色的钟形花。长势快速的强健品种，细细的叶片如灌木一般茂盛。
种植：花后强剪可再次开花。冬季也要强剪。温暖地区避开高温、高湿，适宜置于通风良好和半日照的环境中。

月	1	2	3	4	5	6	7	8	9	10	11	12
观赏						花						
					叶							
养护			种植 施肥									
					花后修剪					回剪	

日照 全日照~半日照　耐寒性　耐热性

土壤 普　生命周期 普　生长速度 快

213

铁线莲 '查尔斯王子'

Clematis 'Prince Charles'
毛茛科 园艺品种

爬藤型
2~3m
←40~60cm→

蓝 绿

日照 全日照~半日照	耐寒性	耐热性

土壤 普	生命周期	生长速度 普

月	1	2	3	4	5	6	7	8	9	10	11	12
观赏					花							
					叶							
养护		种植										
		施肥										
				花后修剪								

特征：蜡笔画一般清爽的湛蓝色花，花朵直径达 10cm 左右，向下开放，所以仰视的景致更好。优美的花色和月季的组合十分搭配。亲本不明，其纤细的枝条姿态有着意大利铁线莲的风范，大花应该是继承了杰克曼氏铁线莲的特性。

种植：意大利铁线莲，当年生长的枝条冬季会枯萎。第二年从植株根部再长出新的枝条，从它的前端开始开花，所以是新枝开花。爬藤的枝条柔软纤细，需要支架来支撑爬藤。长势非常旺盛，所以等枝条长长后再进行牵引也可以。花朵开始凋谢时，可以从植株底部进行强剪，那么新的芽点会再次生长，再开花。冬季也可以从植株底部进行修剪，管理起来非常容易。

铁线莲 '紫罗兰之星'

Clematis 'Etoile Violette'

毛茛科 园艺品种

爬藤型

2~3m

←40~60cm→

日照 全日照~半日照	耐寒性	耐热性
土壤 普	生命周期 普	生长速度 快

月	1	2	3	4	5	6	7	8	9	10	11	12
观赏						花						
					叶							
养护			种植									
			施肥									
						花后修剪						

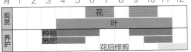

特征：花形整齐，花色美丽。开花性好。习性强健，比同系列的铁线莲生长开花更快速，所以新手种植也没有问题。亲本不明。纤细的枝条和习性来源于意大利铁线莲，开花性、花色和强健的习性应该是继承了杰克曼氏铁线莲的特性。栽培和管理按照意大利铁线莲来即可。

种植：当年生长的枝条冬季会枯萎。第二年从植株根部再长出新的枝条，从它的前端开始开花，所以是新枝开花。爬藤的枝条柔软纤细，需要支架来支撑爬藤。长势非常旺盛，所以等枝条长长后再进行牵引也可以。花朵开始凋谢时，可以从植株底部进行强剪，那么新的芽点会再次生长，再开花。冬季也可以从植株底部进行修剪，管理起来非常容易。

215

大型的廊架上爬满了铁
线莲'紫罗兰之星'和
红色爬藤月季'感应'
（梦想丰收农场）

彩叶植物

Color Leaf

作为填充庭院和组合盆栽的基础植物，使用时无论是作为主角还是配角，它都举足轻重。

石蚕叶婆婆纳 '米菲·布鲁特'
Veronica chamaedrys 'Miffy Brute'
车前科 欧洲

匍匐型
←10~15cm→
←40~60cm→

蓝　绿

日照 全日照　耐寒性　耐热性

土壤 普　生命周期 普　生长速度 普

特征：小叶如地毯状广泛生长，带有奶油色的斑点，和靛蓝色的小花相映成趣。

种植：外表看起来不错，叶片灼伤的情况也很少。耐寒性、耐热性强，适合在全日照的庭院中种植。

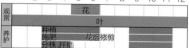

月	1	2	3	4	5	6	7	8	9	10	11	12
观赏					花							
					叶							
养护		种植										
		施肥		花后修剪								
		分株·扦插										

平卧婆婆纳 '阿兹台克黄金'
Veronica prostrata 'Aztec Gold'
车前科 欧洲

匍匐型
←10~15cm→
←30~50cm→

蓝　黄

日照 全日照　耐寒性　耐热性

土壤 普　生命周期 普　生长速度 慢

特征：明亮的黄色叶片和靛蓝色小花相映衬，显得格外美丽。特别是春天，叶片刚刚冒出来时十分鲜嫩。生长缓慢。

种植：在日照不足和水分较多的环境中生长，叶片容易变绿，建议种植在日照充足、排水良好处。

月	1	2	3	4	5	6	7	8	9	10	11	12
观赏					花							
					叶							
养护		种植										
		施肥		花后修剪								
		分株·扦插										

红盖鳞毛蕨

Dryopteris erythrosora

鳞毛蕨科 日本

舒展型1

↕30~50cm
←40~60cm→

 日照 半日照~阴　耐寒性 　耐热性

土壤 适中　生命周期 长　生长速度 普

特征：原产于日本本州、四国、九州地区。新叶呈现红色，混有橙色，而后转绿。

种植：冬季也保持常绿，叶片较厚。耐热性强，但耐寒性一般。需要避开落霜。

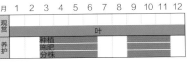

月	1	2	3	4	5	6	7	8	9	10	11	12
观赏							叶					
养护			种植						种植			
			施肥						施肥			
			分株									

美人蕉 '孟加拉虎'

Canna 'Bengal Tiger'

美人蕉科 非洲热带

橙／绿

直立型

↕60~100cm
←50~80cm→

日照 全日照~半日照　耐寒性　耐热性

土壤 适中　生命周期 普　生长速度 快

特征：绿叶上带有柠檬黄色的斑纹，呈现黄绿夹杂条纹的叶片十分时尚。开橙色的大花。

种植：美人蕉能忍受干燥或湿润的环境。在寒冷地区冬季需要放入室内。

月	1	2	3	4	5	6	7	8	9	10	11	12
观赏								花				
							叶					
养护			种植									
		施肥						花后修剪				
		分株										

219

朝雾草

Artemisia schmidtiana

菊科 日本

山丘型

↕20~40cm
←40~60cm→

日照 全日照　耐寒性　耐热性

土壤 微干　生命周期 普　生长速度 普

特征：柔软的银色叶片生长茂密。适合各种场合且百搭的彩叶植物。

种植：讨厌高湿环境，在干燥环境中长势强，适合种植在较为干燥、日照充足的环境中。叶片长长后需要回剪，复壮后姿态美丽。

月	1	2	3	4	5	6	7	8	9	10	11	12
观赏								花				
				叶								
养护			种植									
			施肥		回剪							
		摘心							分株、扦插			

朝雾草 '曾经金'

Artemisia schmidtiana 'Ever Goldy'

朝雾草芽变而来的金叶品种。有着如反射光线一般耀眼的美丽叶色。比原种生长更慢，需要注意避免高温、通风不良等情况。

萎莛

Polygonatum odoratum var. *pluriflorum*

天门冬科 日本、朝鲜半岛等地

直立型

↕20~50cm
←50cm以上→

日照 半日照～阴　耐寒性　耐热性

土壤 普　生命周期 长　生长速度 快

特征：原产于日本的山野，很适应日本的环境。晚春到初夏会开放可爱的吊钟形花朵。

种植：耐热性、耐寒性强，能够忍受一定程度的干燥。种植在遮阴处，地下茎生长广泛。

月	1	2	3	4	5	6	7	8	9	10	11	12
观赏					花							
				叶								
养护			种植									
			施肥									
			分株									

黑龙沿阶草

Ophiopogon planiscapus 'Nigrescens'
天门冬科 日本

白 其他 香

舒展型 1
↕15~25cm
↔20~40cm

日照 半日照~ 阴 | 耐寒性 | 耐热性

土壤 普 | 生命周期 长 | 生长速度 慢

特征：叶片具有十分特别的颜色，用途广泛。生长较慢，用作组盆也十分适合。花朵芬芳馥郁，果实也呈现黑色，很漂亮。

种植：习性强健，可粗放管理。在半日照和土壤肥沃、排水较好的环境中生长良好。周年保持常绿状态。

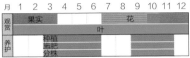

月	1	2	3	4	5	6	7	8	9	10	11	12
观赏	果实						花					
	叶											
养护		种植							种植			
		施肥							施肥			
		分株							分株			

大吴风草

Farfugium japonicum
菊科 日本、中国等地

黄 绿

山丘型
↕30~50cm
↔50~80cm

日照 半日照~ 阴 | 耐寒性 | 耐热性

土壤 通普 | 生命周期 长 | 生长速度 普

特征：富有光泽感的叶片格外有趣，有着朴素的气质。植株姿态优美，花朵漂亮。

种植：适合种植在阴凉处，较强的日照和干燥会引起叶片灼伤。关东以北地区要防寒。

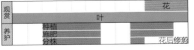

月	1	2	3	4	5	6	7	8	9	10	11	12
观赏										花		
	叶											
养护		种植										
		施肥										
		分株							花后修剪			

新西兰亚麻

Phormium

亚麻科 新西兰

直立型
↕60~300cm
↔30~120cm

日照 全日照　耐寒性 　耐热性

土壤　生命周期 长　生长速度 普

特征：叶片厚实，带着革皮质感，给人以直立、尖锐的印象。作为焦点植物时，会让花园整体的氛围显得洗练。

种植：适合种植在日照充足、较为干燥的区域。如果日照不足，土壤较为湿润，植株容易发生倒伏的现象。不管是什么品种，冬季的防寒手段是必不可少的。

月	1	2	3	4	5	6	7	8	9	10	11	12
观赏						叶						
养护			种植									
			施肥									
			分株									

斑叶亚洲络石

Trachelospermum asiaticum 'Tricolor'

夹竹桃科 日本、朝鲜半岛

匍匐型
↕10~15cm
↔50cm以上

日照 全日照~半日照　耐寒性　耐热性

土壤 普　生命周期 长　生长速度 普

特征：叶片带有白色不规则斑点，新叶刚发芽时呈现粉色，十分美丽。因为周年常绿，所以非常适合作为花境铺地植物。

种植：保持全日照或半日照，种植在肥沃的土壤中生长良好。注意要避免夏季强烈的日照和干燥，否则容易引起叶片灼伤。

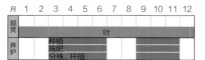

月	1	2	3	4	5	6	7	8	9	10	11	12
观赏						叶						
养护			种植									
			施肥									
			分株、扦插									

花叶蔓长春花

Vinca major 'Variegata'
夹竹桃科 南欧

匍匐型
↑10~30cm
← 80cm以上 →

 紫　 绿

 日照 全日照~半日照　 耐寒性　 耐热性

 土壤　生命周期 长　生长速度 快

特征：生长较为旺盛的爬藤植物，非常容易长成一片。作为庭院的铺面草或者花境镶边植物都非常不错。也可作为组盆植物使用。

种植：耐热性、耐寒性强，耐旱，习性非常强健。全日照或者荫蔽处都可生长良好，不挑土质，用途广泛。

月	1	2	3	4	5	6	7	8	9	10	11	12
观赏					花							
				叶								
养护			种植									
			施肥									
			分株、扦插									

花叶蔓长春花 '沃奥的杰姆'

Vinca major 'Wojo's Jem'

比花叶蔓长春花生长稍慢，植株色彩更加鲜明。无论是作为组盆还是垂吊植物种植，都能显现它的特点。从伸长的枝条下会长出根系，所以会爬满一大片。

大叶蚁塔

Gunnera manicata
大叶草科 巴西、哥伦比亚

个性型
↑1.5~3m
← 2~4m →

 橙　 绿

 日照 全日照~半日照　 耐寒性　 耐热性

 土壤　生命周期 长　生长速度 慢

特征：是世界上发现的草本植物中叶片较大的植物之一。非常有存在感，叶片大到有压倒性的胁迫感。喜欢湿润的冷凉环境。

种植：在寒冷地区过冬，需要覆盖厚厚的稻草。在温暖地区度夏困难。

月	1	2	3	4	5	6	7	8	9	10	11	12
观赏						花						
			叶									
养护			种植									
			施肥									
		分株										

临时救 '午夜阳光'
Lysimachia congestiflora 'Midnight Sun'
报春花科 中国

特征：长着小小的棕色叶片，具有匍匐性，可以成片生长。星形的黄色花朵开花时和叶色相映衬显得十分美丽。

种植：适合在半日照环境下生长，但可以忍受一定程度的全日照。不挑土质，习性强健，但是要注意干旱环境对它的生长有一定影响。

黄 棕

匍匐型
↕3~10cm
←40cm以上→

日照 全日照~半日照 | 耐寒性 | 耐热性
土壤 普 | 生命周期 普 | 生长速度 普

月	1	2	3	4	5	6	7	8	9	10	11	12
观赏						花						
						叶						
养护	种植											
	施肥											
	分株、扦插											

圆叶过路黄 '金光'
Lysimachia nummularia 'Aurea'
报春花科 欧洲

匍匐型
↕3~10cm
←80cm以上→

黄 黄

日照 全日照~半日照 | 耐寒性 | 耐热性
土壤 适中 | 生命周期 长 | 生长速度 快

月	1	2	3	4	5	6	7	8	9	10	11	12
观赏						花						
						叶						
养护	种植											
	施肥											
	分株、扦插											

特征：明黄色的叶片在地面呈地毯状匍匐生长。由于生长旺盛，常用作花境铺地植物，或者用来除杂草。

种植：在半日照并且水分充足处生长快速。全日照环境下叶色较好，但强光容易引起叶片灼伤。

紫叶鼠尾草

Salvia officinalis 'Purpurascens'
唇形科 欧洲

山丘型
↕ 40~60cm
← 40~60cm →

 紫 棕  香

 日照 全日照   耐寒性   耐热性

土壤 普 生命周期 普 生长速度 普

特征：药用鼠尾草的紫叶品种，时髦的叶色显得十分别致。叶片带有芳香，开紫罗兰色的花朵。

种植：适合种植在排水良好、日照充足处。进行适度的修剪来修整株型。日照不足、土壤湿润肥沃，容易使其徒长，叶色变浅。

月	1	2	3	4	5	6	7	8	9	10	11	12
观赏						花						
				叶								
养护			种植									
			施肥				花后修剪					
			分株、扦插									

三色鼠尾草

银叶鼠尾草

Salvia apiana
唇形科 美国西南部、墨西哥

个性型
↕ 1~1.8m
← 0.6~1m →

 白 白 香

日照 全日照 耐寒性 耐热性

土壤 稍干 生命周期 长 生长速度 普

特征：叶片和茎干都呈现白色的美丽鼠尾草属植物。叶片干燥后焚烧会散发出强烈的香气，所以常常用来作为熏香。

种植：喜日照充足、稍微干燥的环境。大型品种，由于茎干较长、生长快速，所以需要勤于修剪，增加它的枝条数量。寒冷地区需要注意防寒。

月	1	2	3	4	5	6	7	8	9	10	11	12
观赏					花							
					叶							
养护			种植									
			施肥		花后修剪							
			分株、扦插									

黄斑药鼠尾草

Salvia officinalis 'Icterina'

叶片边缘带有黄色的锦斑。植株明亮的色彩可以给药草花园增色不少。虽然是药用鼠尾草的品种之一，但株型紧凑。

花叶大花新风轮菜
Calamintha grandiflora 'Variegata'
唇形科 欧洲

山丘型
↕15~25cm
←30~40cm→

特征：大花新风轮菜的花叶品种。有着如大理石般的芳香叶片，开放粉色花朵，十分可爱。

种植：喜排水良好、日照充足处。温暖地区需要注意夏季叶片灼伤，适宜种植在半日照处。需要注意高温、高湿环境对其的影响。

月	1	2	3	4	5	6	7	8	9	10	11	12
观赏					花							
					叶							
养护		种植										
		施肥			花后修剪							
		分株、扦插										

牛至 '诺顿黄金'
Origanum 'Noton's Gold'
唇形科 园艺品种

山丘型
↕10~20cm
←40~60cm→

特征：有着明亮的金黄叶片的品种。比其他品种叶色保持更好，连夏季都能保持良好的叶色。花色呈现淡粉色。

种植：有一定的匍匐性，花后需要将过长贴地的枝条修剪掉，以促进其再次生长。

月	1	2	3	4	5	6	7	8	9	10	11	12
观赏							花					
			叶									
养护		种植										
		施肥				花后修剪						
		分株、扦插										

花叶羊角芹 🏅

Aegopodium podagraria 'Variegatum'
伞形科 欧洲

匍匐型

←30~50cm→

←80cm以上→

白 绿

日照 半日照~阴 | 耐寒性 ❄ | 耐热性 ☀

土壤 普 | 生命周期 长 | 生长速度 ⬆快

特征：嫩绿色的叶片带有白色锦斑，整体感觉明亮又清爽。地下茎分布广泛，白色的蕾丝状花朵十分美丽。

种植：喜湿润环境，但能耐一定程度的干燥，习性强健。寒冷地区在全日照环境中养护。温暖地区则建议在半日照环境中养护。

月	1	2	3	4	5	6	7	8	9	10	11	12
观赏						花						
						叶						
养护			种植									
			施肥			花后修剪						
			分株（增殖）									

百里香'高地奶油'

Thymus 'Highland Cream'
唇形科 地中海沿岸

匍匐型

←3~5cm→

←20~30cm→

粉 绿

  日照 全日照 | 耐寒性 | 耐热性

 土壤 适中 | 生命周期 普 | 生长速度 ⬆普

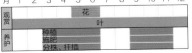

月	1	2	3	4	5	6	7	8	9	10	11	12
观赏						花						
						叶						
养护			种植									
			施肥									
			分株、扦插									

特征：柠檬百里香的花叶品种。叶片小而密集，如垫子般茂密。

种植：叶片细小密集，湿热环境下叶片容易腐烂，需要注意。适合种植在日照充足、排水良好处。

食用土当归'太阳王'

Aralia cordata 'Sun King'

五加科　亚洲东部

直立型

↕80~120cm
←80~200cm→

白　黄

日照 全日照~半日照	耐寒性	耐热性

 土壤 普　生命周期 普　生长速度 普

月	1	2	3	4	5	6	7	8	9	10	11	12
观赏								花		果实		
					叶							
养护			种植 施肥 分株							花后修剪		

特征：食用土当归的金叶品种。大型植物，拥有明亮的叶色，存在感相当强。夏季开白花，秋季结果也可观赏。

种植：适合种植在全日照到有明亮光线的半日照处，及土壤肥沃且微微湿润的环境中。想要植株高大、叶色明亮，需要保障其良好的生长环境。

紫叶鸭儿芹

Cryptotaenia japonica 'Atropurpurea'

伞形科　亚洲东部

山丘型

↕20~50cm
←20~30cm→

白　棕　香

日照 全日照~半日照	耐寒性	耐热性

 土壤 普　生命周期 短　生长速度 普

月	1	2	3	4	5	6	7	8	9	10	11	12
观赏						花						
					叶							
养护			种植 施肥 分株					花后修剪				

特征：有着烟熏般的红棕色叶片，整体风格非常有趣。容易自播，繁殖力强，也可食用。

种植：作食用适合水培，作观赏用则适合土培，在干旱的环境中生长也没有问题。

红龙小头蓼

Persicaria microcephala 'Red Dragon'

蓼科　喜马拉雅

山丘型

↕15~30cm
←40~60cm→

白　棕

日照 全日照~半日照	耐寒性	耐热性

 土壤 普　生命周期 普　生长速度 快

月	1	2	3	4	5	6	7	8	9	10	11	12
观赏					花							
				叶								
养护			种植 施肥 分株、扦插			花后修剪						

特征：叶片的样子丰富多彩，十分有趣，是小头蓼的品种之一。地下茎分布广泛但不会泛滥，使用起来非常方便。

种植：种植在较干且光照充足处的植株叶色浓郁，株型紧凑。相反种植在肥沃且湿润的环境中的植株容易徒长。

红脉酸模

Rumex sanguineus

蓼科 欧洲

 其他 绿

直立型

↕15~30cm
←15~25cm→

日照 全日照~半日照	耐寒性	耐热性
土壤	生命周期 短	生长速度 普

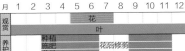

月	1	2	3	4	5	6	7	8	9	10	11	12
观赏					花							
				叶								
养护	种植											
	施肥		花后修剪									
	分株											

特征：叶脉呈现红色，叶片有趣又有个性。容易自播繁殖。在温暖地区冬季也不落叶，保持常绿状态。

种植：适合种植在日照充足、排水良好处。生长在肥沃的土壤中叶片生长茂密，若是生长在贫瘠的土壤中则叶片较小而叶脉颜色浓郁。

四棱大戟

Euphorbia myrsinites

大戟科 欧洲

 黄 绿

匍匐型

↕10~20cm
←30~50cm→

日照 全日照	耐寒性	耐热性
土壤 微干	生命周期 长	生长速度 普

特征：有着多肉质感的灰绿色叶片，茎干匍匐生长，姿态十分特别。耐寒性强，在寒冷地区冬季也可过冬。

种植：适宜种植在较为干燥的全日照处。在石块缝隙中也可生长。可以自播繁殖。

月	1	2	3	4	5	6	7	8	9	10	11	12
观赏					花							
				叶								
养护	种植											
	施肥		花后修剪									
	分株、扦插											

野草莓‘黄金亚历山大’
Fragaria vesca 'Golden Alexandria'
蔷薇科 欧洲

 白 黄

山丘型

↕15~20cm
←20~30cm→

| 日照 全日照~半日照 | 耐寒性 | 耐热性 |

| 土壤 | 生长周期 | 生长速度 普 |

特征：从春天到秋天，叶色都十分漂亮，红色果实四季可结，二者相映成趣。可食用的改良品种，果实很美味。

种植：适合种植在日照充足、排水良好处。在贫瘠的土地中也可生长，可通过走茎、种播繁殖。

月	1	2	3	4	5	6	7	8	9	10	11	12
观赏					花·果实			花·果实				
					叶							
养护		种植										
		施肥										
		分株										

马蹄金‘翡翠瀑布’
Dichondra repens 'Emerald Falls'
旋花科 亚洲、新西兰

 白 绿

匍匐型

↕5~10cm
←60cm以上→

| 日照 全日照~半日照 | 耐寒性 | 耐热性 |

| 土壤 | 生命周期 长 | 生长速度 普 |

特征：绿色的圆形叶片覆盖地面匍匐生长。可以微微踩踏，作为铺地植物也不错。

种植：花、叶生于林下阴处，喜湿润环境。虽然能忍受干旱与直射，但在贫瘠的土地上叶色会变浅。

月	1	2	3	4	5	6	7	8	9	10	11	12
观赏						花						
					叶							
养护			种植									
			施肥									
			分株									

译者注：马蹄金的拉丁名已修订为 *Dichondra micrantha*。

银叶马蹄金
Dichondra sericea

硬币状的银灰色叶片匍匐生长。和其他品种相比，枝繁叶茂，繁殖枝生长速度快，株型容易散乱。

掌叶铁线蕨

Adiantum pedatum

凤尾蕨科 亚洲东部、北美洲

 绿

山丘型
↕30~60cm
←40~60cm→

| 日照 半日照~阴 | 耐寒性 | 耐热性 |
| 土壤 普 | 生命周期 普 | 生长速度 普 |

月	1	2	3	4	5	6	7	8	9	10	11	12
观赏							叶					
养护		种植										
		施肥										
		分株										

特征：叶片柔软，呈羽毛状，历史非常悠久的蕨类植物之一，十分受欢迎。新叶叶色带有红色。

种植：在日本境内广泛自生，习性强健，非常好生长。适合种植在较为湿润的荫蔽处。冬季落叶。

紫三叶

Trifolium repens 'Purpurascens Quadrifolium'

豆科 欧洲

 白 棕

匍匐型
↕5~15cm
←30~50cm→

| 日照 全日照 | 耐寒性 | 耐热性 |
| 土壤 普 | 生命周期 短 | 生长速度 普 |

月	1	2	3	4	5	6	7	8	9	10	11	12
观赏					花							
					叶							
养护		种植										
		施肥										
		分株										

特征：白花、黑棕色的叶片是它的特征，格外受欢迎。株型容易散乱。

种植：适合种植在全日照处。叶片密生，如果种植在较小区域则很容易覆盖土表。在高温、湿润的环境中生长较弱，喜排水良好处。

白车轴草‘威廉’

Trifolium repens 'William'

豆科 欧洲

 红 棕

匍匐型
↕10~30cm
←60cm以上→

| 日照 全日照 | 耐寒性 | 耐热性 |
| 土壤 普 | 生命周期 短 | 生长速度 普 |

月	1	2	3	4	5	6	7	8	9	10	11	12
观赏					花							
					叶							
养护		种植										
		施肥										
		分株										

特征：叶色呈红棕色，花朵是红色的，二者颜色搭配起来十分美丽。习性强健，可以大范围种植。

种植：适合种植在日照充足、排水良好处。连荒地都可生长。如果土壤较为肥沃、湿润，容易使其姿态凌乱，叶片变大。

种植了矾根、玉簪、大头菜
吾等彩叶植物的庭院（卡斯
塔自然疗愈花园）

日本安蕨 '幽灵'
Athyrium niponicum 'Ghost'
蹄盖蕨科 亚洲东部

舒展型 1
↕ 20~40cm
←40~80cm→

银

| 日照 半日照~ 阴 | 耐寒性 | 耐热性 |
| 土壤 适 | 生命周期 普 | 生长速度 普 |

特征：在日本广泛自生的安蕨品种。叶片呈银色，而叶柄呈现黑色，叶色非常美丽。

种植：种植在土壤湿润、肥沃的阴处生长旺盛，叶色也不错。若种植在干旱、日照充足处则叶片较小，不容易发色。

月	1	2	3	4	5	6	7	8	9	10	11	12
观赏							叶					
养护			种植									
			施肥									
			分株									

译者注：日本安蕨的拉丁名已修订为 *Anisocampium niponicum*。

灰色金雀花
Lotus hirsutus 'Brimstone'
豆科 地中海沿岸

舒展型 1
↕ 30~60cm
←30~50cm→

白 **银**

| 日照 全日照 | 耐寒性 | 耐热性 |
| 土壤 适 | 生命周期 普 | 生长速度 普 |

月	1	2	3	4	5	6	7	8	9	10	11	12
观赏						花						
					叶							
养护			种植									
			施肥			花后修剪			回剪			
			分株、扦插									

特征：被茸毛所包裹的柔软叶片，叶片前端呈现奶油色。白色的花朵好像蛋白酥皮一样。

种植：耐旱能力强。由于枝条会木质化，长长了需要适度修剪整理，以保证株型不乱。

波叶玉簪 '寒河江'

Hosta fluctuans 'Sagae'

天门冬科 亚洲东部

直立型

紫 绿

| 日照 | 半日照 ～ 阴 | 耐寒性 | 耐热性 |

| 土壤 普 | 生命周期 长 | 生长速度 普 |

月	1	2	3	4	5	6	7	8	9	10	11	12
观赏					花							
					叶							
养护			种植									
			施肥		花后修剪							
			分株									

特征：品种名称来源于日本山形县的寒河江市，在世界范围内十分有人气的经典玉簪品种。2000 年时获得美国玉簪协会大奖。明亮的灰绿色叶片清爽直立，叶片的里侧呈灰绿色，如海浪般波动褶皱的叶片边缘分布着黄色的锦斑，美丽独特。从春天到秋天，叶色观赏性都很高，植株的姿态也壮丽多彩。因其叶片较为直立，不会阻碍周围草花的生长，故可以混植。玉簪在欧美国家十分受欢迎，叶片可以维持较长的观赏期，习性强健，打理起来也不会花费很多时间，也被称为"完美植物"。

种植：基本都可以适应半日照环境，冷凉环境下需要全日照养护。种植在湿润、肥沃的土壤中叶片会变大，其他表现和原来的一样。如果种植在贫瘠的土壤中，可以忍受一定程度的干旱。

玉簪 '冰与火'
Hosta 'Fire and Ice'

浓绿色的叶片中带有色彩清新的白斑，有着和名字一样的美丽外表。开花性佳，可以一次开放不少粉色的花朵。

玉簪 '祈祷之手'
Hosta 'Praying Hands'

浓绿色叶片上带有细丝状的白斑。扭曲的细叶立着，有着特别又时髦的气质。其品种名'祈祷之手'也很有意思。

玉簪 '巨无霸'
Hosta 'Sum and Substance'

有着光泽感的黄绿色大叶片是它的特征。在众多的玉簪品种中生长非常快，大型品种，存在感十足。可以忍受较为强烈的日照。

玉簪 '六月'
Hosta 'June'

刚刚发芽时呈现鲜嫩的金黄色，叶片打开后带着丝丝绿色，后变成祖母绿。叶色美丽，在同系列中有着超高人气。

玉簪 '翡翠鸟'
Hosta 'Halcyon'

叶色带有微微蓝的灰青色，叶片表面的叶脉排列井然有序，光滑美丽。种植在阴凉处，叶色易呈蓝色。花朵为白色。

玉簪 '法兰西·威廉'
Hosta 'Frances Williams'

青绿色的圆形叶片带有黄绿色的锦斑，自古便十分有名的品种，在同系列的大型品种中被评为最美的品种。在阴处更容易发色。

玉簪 '爱国者'
Hosta 'Patriot'

绿叶中带有白色清新的锦斑，叶色不易发生变化。虽然是较为普及的品种，但鲜亮的叶色是其他玉簪无法代替的，很受欢迎。春季时发芽较迟。

玉簪 '华彩'
Hosta 'Regal Splender'

和波叶玉簪'寒河江'相似，有着更加明亮的蓝绿色。有着白色锦斑的叶片更细长。与波叶玉簪'寒江河'相比，虽然没有那么动人心魄，但是株型有着较强的设计感。

玉簪 '亚特兰蒂斯'
Hosta 'Atlantis'

尖尖的叶片呈现大波浪状，气质出众。锦斑为黄绿色，随着叶片的展开，黄色部分变得愈加鲜亮。习性强健。

玉簪 '金头饰'
Hosta 'Golden Tiara'

叶片密生，圆形汤勺状，绿色带有黄色锦斑，十分美丽。芽点生长较快，习性强健，所以常常作为花境的镶边植物使用。

矾根 '紫色宫殿'

Heuchera 'Palace Purpule'
虎耳草科 北美洲

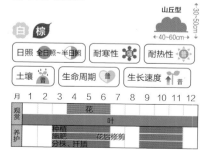

山丘型
←30~50cm↑
←40~60cm→

白 棕

日照 全日照~半日照	耐寒性	耐热性

土壤 普	生命周期 普	生长速度 普

月	1	2	3	4	5	6	7	8	9	10	11	12
观赏					花							
					叶							
养护			种植									
			施肥	花后修剪								
			分株、扦插									

特征：在欧美国家很早就为人所熟知，也是矾根中的代表品种。叶形整齐，叶色呈现带有光泽的红棕色，数不清的花穗竖直挺立，在庭院中给人以沉着的印象。和草花组合搭配，它们是最棒的背景植物，在英式花园中应用也很普遍。

种植：以阴生植物为人所熟知，除在酷热地带外，如果足够湿润，日照充足处也可种植。除在盛夏外，与其把植株种植在阴凉、高湿处使其长势弱，不如种植在日照充足处，让其茁壮生长。在温暖地区要避开盛夏的强烈的日照和干燥，可以种植在半日照处，即有早晨和傍晚的日照，避开西晒，不能置于完全没有日照的阴凉环境中。土壤和环境如果不适合的话，茎干会木质化，叶片会萎缩，这个时候就需要挖起来分株进行更新，在适合的地方重新深埋下去。

矾根 '焦糖'
Heuchera 'Caramel'

刚发芽时叶色呈现明亮的橙色，随着叶片的打开，慢慢混入黄色，最终变为焦糖色。生长较为快速，习性强健，中大型品种。

矾根 '乔治亚娜桃子'
Heuchera 'Georgia Peach'

刚发芽时叶色偏红，慢慢地颜色变得好像笼罩着一层薄薄的白布一样。根据环境的不同，在寒冷的环境下叶色更鲜亮、美丽。

矾根 '永恒紫'
Heuchera 'Forever Purple'

紫色浓郁，鲜明的色彩搭配。特别是刚发芽时，那紫色的叶片带有光泽感，十分漂亮。叶片呈现褶皱状，开着粉白相间的花朵。

矾根 '银色卷轴'
Heuchera 'Silver Scrolls'

带有金属质感的银灰色叶片，叶脉带有黑褐色，叶片的背面则是红色条纹。开白花，秋冬时节的叶片是稍带紫色的红叶。

矾根 '天鹅绒之夜'
Heuchera 'Velvet Night'

新叶颜色浓郁，表面覆盖有如同天鹅绒一般的细细茸毛，与品种名十分贴合。生长速度快，叶片较大，十分出彩。

矾根 '青柠汁'
Heuchera 'Lime Rickey'

叶色呈明亮的奶油色，和铜叶品种的组合搭配完美。开花性佳，数不清的花茎挺立，盛开白色花朵。

草

Grass

在欧美国家备受欢迎的草本植物。耐热性强的品种也非常多，在日本夏季的花园里随处可见。

花叶芒

Miscanthus sinensis 'Variegatus'
禾本科 亚洲东部

直立型
← 80cm以上 →
↕ 1.2~2m

| 日照 全日照 | 耐寒性 | 耐热性 |

| 土壤 微干 | 生命周期 长 | 生长速度 快 |

特征：芒的花叶品种，生长较快，习性强健，随处都可以生长。大型品种，姿态有着动人的力量。

种植：喜日照充足、排水良好处。土地较为肥沃时植株容易长得过大，而土地贫瘠时株型适中。

月	1	2	3	4	5	6	7	8	9	10	11	12
观赏							穗					
							叶					
养护			种植									
			施肥								花后修剪	
			分株									

芒 '金酒吧'

Miscanthus sinensis 'Gold Bar'
禾本科 亚洲东部

直立型
← 25~40cm →
↕ 30~60cm

| 日照 全日照 | 耐寒性 | 耐热性 |

| 土壤 微干 | 生命周期 长 | 生长速度 快 |

月	1	2	3	4	5	6	7	8	9	10	11	12
观赏							穗					
							叶					
养护			种植									
			施肥								花后修剪	
			分株									

特征：和芒'鹰之羽'相似，高度不超过60cm。带有细细的斑纹。

种植：适合种植在日照充足、排水良好处。环境稳定有利于其生长。也可作组盆使用。

芒颖大麦草

Hordeum jubatum
禾本科 北美洲

直立型
↕40~60cm
←30~50cm→

| 日照 全日照 | 耐寒性 | 耐热性 |
| 土壤 微干 | 生命周期 短 | 生长速度 普 |

特征：纤细的花穗给人以柔软、美丽的印象。叶色变化多端，色彩从绿色到带有粉色，到稍微偏白的棕色。

种植：适合种植在容易干燥的日照充足处。在温暖地区常作一年生草本植物，而在冷凉地带则可越夏。作为切花也很受欢迎。

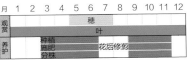

月	1	2	3	4	5	6	7	8	9	10	11	12
观赏					穗							
观赏				叶								
养护		种植										
养护		施肥			花后修剪							
养护		分株										

蒲苇

Cortaderia selloana
禾本科 巴西、智利

绿

直立型
↕2~3m
←1.5~2m→

| 日照 全日照 | 耐寒性 | 耐热性 |
| 土壤 | 生命周期 长 | 生长速度 快 |

特征：非常大型的草本植物。秋天会盛开大大的花穗，给人以强烈的存在感。有落叶的习性。

种植：耐高温、耐贫瘠，日照充足时花穗更多。寒冷地区可以越冬，但极寒地区需要防寒。

月	1	2	3	4	5	6	7	8	9	10	11	12
观赏							穗					
观赏				叶								
养护		种植										
养护		施肥								花后修剪		
养护		分株										

草
Grass

花叶芦竹

Arundo donax var. *versicolor*
禾本科　地中海沿岸

直立型
3~5m
2m以上

绿　白

日照　全日照	耐寒性	耐热性
土壤　普	生命周期　长	生长速度　快

特征：高大，最高可达 5m 的大型草本植物。习性非常强健，在野外会长得非常狂野。
种植：喜日照充足，不挑土，耐热性、耐寒性强，极其强健，可以在各种地方种植。

月	1	2	3	4	5	6	7	8	9	10	11	12
观赏								穗				
				叶								
养护		种植 施肥 分株								花后修剪		

光环箱根草（风知草）

Hakonechloa macra 'Aureola'
禾本科　日本

直立型
20~40cm
40~70cm

绿　白

日照　全日照~半日照	耐寒性	耐热性
土壤　普	生命周期　长	生长速度　普

特征：正如风知草的名字一般，植株随着风摇曳而发出沙沙声响。斑叶品种稍稍带有红色，非常漂亮。
种植：可在全日照至半日照处广泛种植。温暖地区如果种植在半日照的湿润地带，可以让叶片保持美丽。

月	1	2	3	4	5	6	7	8	9	10	11	12
观赏								穗				
					叶							
养护	回剪		种植 施肥 分株									

蓝羊茅

Festuca glauca

禾本科 欧洲

山丘型

↕20~50cm

↔20~35cm

绿 银

| 日照 全日照 | 耐寒性 ❄ | 耐热性 ☀ |
| 土壤 微干 | 生命周期 长 | 生长速度 慢 |

月	1	2	3	4	5	6	7	8	9	10	11	12
观赏						穗						
					叶							
养护		种植										
		施肥				花后修剪						
		分株										

特征：带有蓝色的银灰色叶片十分美丽。在英式花园中是十分常见的草本植物。

种植：较为干燥的环境更容易让叶片呈现银色。高温、高湿的环境不容易让叶片发色，而且更容易使其徒长、腐烂。

粉黛乱子草

Muhlenbergia capillaris

禾本科 美国

直立型

↕60~90cm

↔40~80cm

红 绿

| 日照 全日照 | 耐寒性 ❄ | 耐热性 ☀ |
| 土壤 微干 | 生命周期 长 | 生长速度 普 |

特征：夏秋时节生长出的红色花穗十分美丽。植株长大后可用作打造梦幻的景观。

种植：干燥的环境容易使其长出多而密的花穗。日照充足时花穗变红，日照不足时颜色变浅。

月	1	2	3	4	5	6	7	8	9	10	11	12
观赏									穗			
					叶							
养护	花后修剪		种植						施肥			
			分株									

东方狼尾草 '卡莉·罗斯'

Pennisetum orientale 'Karley Rose'
禾本科 亚洲中部等地

直立型
←40~60cm→
↕40~60cm

 粉 绿

日照 全日照	耐寒性	耐热性
土壤 普	生命周期 长	生长速度 普

月	1	2	3	4	5	6	7	8	9	10	11	12
观赏							穗					
				叶								
养护 回剪			种植 施肥 分株									

花后修剪和回剪同时进行

特征：耐寒性、耐热性强，习性强健的亚洲草本植物。秋季长出的粉色花穗很美丽。
种植：适合种植在排水良好、日照充足处。种植在微微干旱的地方，花穗生长良好。贫瘠处也可顽强生长的强健品种。具有落叶的习性。

小盼草

Chasmanthium latifolium
禾本科 北美洲

直立型
←30~50cm→
↕60~100cm

 绿 绿

日照 全日照	耐寒性	耐热性
土壤 适中	生命周期 长	生长速度 普

月	1	2	3	4	5	6	7	8	9	10	11	12
观赏								穗				
				叶								
养护 回剪			种植 施肥 分株									

花后修剪和回剪同时进行

特征：植株姿态直立漂亮，种子下垂的形状非常有趣。冬季枯萎后别有风情。
种植：喜充足日照，可以忍受干旱。冬季落叶，第二年从植株根部冒出新芽，春后回剪。

发状薹草 '古铜色卷发'

Carex comans 'Bronz Curls'
莎草科 新西兰

直立型
←30~40cm→
↕20~30cm

 其他 棕

日照 全日照	耐寒性	耐热性
土壤 普	生命周期 长	生长速度 普

月	1	2	3	4	5	6	7	8	9	10	11	12
观赏					穗							
				叶								
养护			种植 施肥 分株									

特征：发状薹草的品种之一。小巧而细长的叶片十分有趣。可组盆，也可以用作点缀庭院。
种植：在高温、高湿的环境中容易腐烂，需要注意排水是否良好，适合种植在日照充足、排水良好处。肥沃的土壤中生长良好。

244

柳枝稷 '草原天空'

Panicum virgatum 'Prairie Sky'
禾本科 北美洲

直立型
80~150cm
←60~100cm→

 绿 银

日照 全日照　耐寒性　耐热性

土壤 微干　生命周期 长　生长速度 快

特征：黍属植物。叶色明亮突出。笔直舒展的身姿十分美丽。

种植：哪里都可以生长的强健品种。日照充足处发色较好；阴处叶片不容易发色，姿态也较为凌乱。具有落叶的习性。

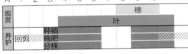

| 月 | 1 | 2 | 3 | 4 | 5 | 6 | 7 | 8 | 9 | 10 | 11 | 12 |

花后修剪和回剪同时进行

柳枝稷 '巧克力'

Panicum virgatum 'Chocolata'
禾本科 北美洲

直立型
80~120cm
←60~100cm→

 红 棕

日照 全日照　耐寒性　耐热性

土壤 微干　生命周期 长　生长速度 普

| 月 | 1 | 2 | 3 | 4 | 5 | 6 | 7 | 8 | 9 | 10 | 11 | 12 |

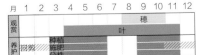

花后修剪和回剪同时进行

特征：叶片尖端呈现棕色，秋季时会整棵转为红色。花穗细细的，从远处看仿佛是云霞一般。

种植：耐寒性、耐热性都十分优秀的强健品种。体型较小，很容易与其他植物搭配。具有落叶的习性。

以月季'龙沙宝石'为背景，下
面种植的是蓝羊茅（百马柯奇娜
英式花园）

宿根植物栽培秘诀

How to grow

——宿根植物——

宿根植物是在四季中轮回中生长的花和叶，在庭院种植和组合盆栽中
有着非常丰富的表现。

◆ 宿根植物是和生活息息相关的草花

在园艺较为发达的欧美国家，有很多这样将宿根植物作为花园核心、一年生植物作为填补植物的样板花园。在对季相非常重视的日本，宿根植物如代表风骨的梅花和樱花，自古开始流传的短歌中经常被吟唱的紫藤和败酱花，在生活中可以说是自然风格花园常用的植物素材。

◆ "宿根植物"是园艺的分类之一

植物有学术上的分类，也有园艺上的分类。在园艺上，通过生长循环和用途等进行植物分类：从种子发芽到枯萎只有1年生长期的草花被称为"一年生植物"（从种子发芽到枯萎有2年时间的草花为"二年生植物"），而可以生长数年的草花被称为"宿根植物（多年生植物）"。

宿根植物和多年生植物大体上意思相同，只不过更多地叫多年生植物。这类植物在冬季和夏季为了克服严苛环境的影响，保留芽点、茎干和根部，而其他部分枯萎，随着气候好转又开始发芽

生长，是循环生长的植物。除此之外，宿根植物的名字是为了区分常绿的多年生植物而被使用。球根植物在某些时候被视作宿根植物（多年生植物）。（译者注：我国是将多年生植物分为宿根植物和球根植物，与日本不同。）

◆ 宿根植物种类多样，有魅力

宿根植物遍布全球各地，有着较多种类。根据种类的不同，形态各异，每年还会有新品种的出现。在日本就有大量流通的苗木，品种量级上万。

宿根植物的性状也非常多样。在日本种植需要考虑其耐寒性和耐热性。许多原产地为多年生的植物到日本就成了一年生植物。

宿根植物的生长繁殖循环

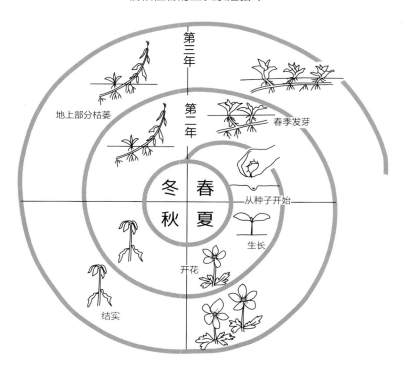

第三年

第二年

地上部分枯萎

春季发芽

冬 春
秋 夏

从种子开始

生长

开花

结实

多年生植物（宿根植物）分类

多年生植物，主要根据耐寒性不同进行分类。但是，因为有着严格的定义，此分类表格以关西的平原地区为中心进行判断分类。

耐寒多年生植物	耐寒性强，可以露天越冬，但相对不耐热
半耐寒多年生植物	能忍受一定程度的寒冷，冬季放入阳台或室内可以越冬
不耐寒多年生植物	耐寒性差，在户外不能越冬。反之耐热性强，也有被视作"一年生植物"的情况存在

苗的挑选方法

购买优质的种苗，让你的园艺之路更加轻松。

◆找信得过的园艺店铺

宿根植物非常受欢迎，在日本的园艺店铺、家居中心等地的植物品类非常丰富。以前非常难购买的珍奇花卉，如今在网店可以轻松购买。去寻找你喜欢的植物吧！

在这个时候，在当地寻找信得过的园艺店铺是个非常不错的选择。因为这些店铺与你自己所处区域的气候相同，更容易获得对应气候养护的建议。

◆种植环境非常重要

根据养护环境和栽培形式选择合适的植物种类非常重要。种植在日照充足处还是阴处，寒冷地区还是温暖地区，容易干旱的环境还是潮湿的环境，等等，这些环境因素都会对植物有所影响。无论多么强健的植物，如果不适应种植环境的话，生命周期就会变短。若是在组盆的时候将植物当作临时花材，达到种植目的后植物就会功成身退，被当作一年生植物除掉。

这本图鉴为收录的宿根植物的种植环境做了大量提示。在挑选植物的时候，不仅仅要考虑花朵的美观性，还要考虑其习性，可以把习性作为品种选择的参考。

◆购买的时间也重要

一般市场上流通的苗，分为开花前的苗和正在开花的苗。如果是宿根植物的话，大多数植物的花期较短，尽可能在开花前购买，购买后尽快种植，地栽和盆栽时根系长开后，开花也很漂亮。已经适应环境的植物，开花时可以欣赏到其原本的美丽，若因耐受当前环境而更加强健的话，花期也同样会变长。春季开花的植物，在前一年秋季买苗种植；秋季开花的植物，则是在春季买苗种植，开花前根系长开了是最理想的状态。当然，你也可以购买正在开花的植物，先欣赏一段时间，在花谢后接着种植也不错。

◆苗的分辨方法

秋季入手的苗，不用过多照料也没有问题。地栽越冬的若适应了环境，来年肯定会开很多花。但是，春季入手的苗就得注意，越过寒冬的叶片，选择节间较短的。若种植时间较短，没有经历过寒冷，植物会适时开放，但可能不会成功度夏。

庭院的环境

庭院和阳台的环境条件主要包括日照、土壤、通风等因素。把植物种植在适合该植物生长的地方，如果环境不合适的话，就将环境改良到适合为止。

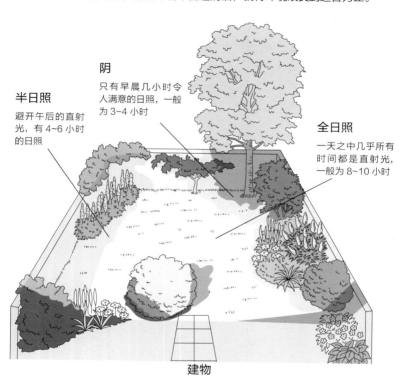

阴

只有早晨几小时令人满意的日照，一般为3~4小时

半日照

避开午后的直射光，有4~6小时的日照

全日照

一天之中几乎所有时间都是直射光，一般为8~10小时

建物

优质苗和劣质苗

劣质苗

节间较长，叶片也是稀稀拉拉的

优质苗

节间较短，叶片密生，较大

─宿根植物的配土、肥料、浇水─

不要过度施肥和浇水，"最低限度"是健康栽培的诀窍。

◆让土壤变得肥沃也很重要

和其他植物一样，土壤对于宿根植物的生长繁殖十分重要。其他环境条件适合，土壤却不适合的话，宿根植物也长不好。很多宿根植物的生命周期较长，比一年生草本植物的生长速度慢，所以给足肥料的话，利用肥沃的土壤促进根、茎、叶的生长，能让植物变得更强健。

如果是盆栽的话，用市面上贩卖的培养土很方便。避开廉价货，在可以信赖的园艺店和花友推荐下购买会放心很多。很多时候通用培养土已经够用了，但是由于宿根植物种类的不同，适合种植的土壤特性也各异。在园艺店铺等地方，他们会告诉你想要种植的宿根植物适合哪种土壤。

地栽的话，通常是在原有的庭院土中种植养护。环境适合却依然长不好的时候，土壤改良就变得很重要了。土壤过硬的时候，可以大范围混入腐叶土和泥炭土，土壤就会变得柔软。反之，如果土壤太柔软且湿润的话，混入赤玉土和小颗粒的轻石，那么其排水性就会变好。种下去的植物到底怎么样才能养好？好好观察植物的生长变化，再确定是否需要改良土壤。

◆宿根植物避开肥料过多

宿根植物的生长繁殖比起一年生植物并不快速，所以要避免肥料过多。肥料过多容易导致植株生长较弱，从而失去对环境的耐受性。

无论是盆栽还是地栽，在春秋生长季节给予少量肥料即可，夏冬不需要给肥。但是，如果土壤过于贫瘠，营养不够充足，植物生长缓慢的时候，建议给缓释肥。必须给最低限度的肥料，这样会让植物自身产生对环境的耐受性，从而更加强健，不用操太多心。

◆给水也需要最低限度

植物枯萎的原因之一是水，没有浇水有可能导致植物枯萎，但很多时候是由浇水过量导致的枯萎。水分很重要，但多余的水分反而会让植物变得瘦弱。根部需要一定程度的干旱来刺激其生长，为了让植物健康地生长，让根系干一干很有必要。

无论盆栽还是地栽，植物种下后2周内要看干的具体程度，2天给一次水。

之后盆栽以见干见湿为原则。

地栽的话，植物适应环境后雨水

已经足够，如果植物可以健康生长则不需要再给水。但是，在干燥少雨的季节，及时给水也很重要。在长时间下雨太过湿润的环境下，需要通过修剪植物来保证通风良好，因为这样的环境容易导致植物腐烂。

如何判断植物需不需要水？在日常管理的时候，需要有意识地触摸土面，看是硬的还是软的，借此来分辨植物是否需要水分。

浇水和施肥一样，比较理想的状态是保持在需要的最低限度。

盆栽的浇水、施肥

避开盛夏的中午浇水

土变干就要及时浇水

通风

固体肥料放在盆栽的边缘处

浇水浇透，以水从盆底流出为宜

给水不充分，根部肥水吸收不足，容易造成可溶解肥料过剩等不良影响

浇透的话，多余的水分会带走盆土里的废弃物质

宿根植物的种植方法

试着培育自己喜欢的宿根植物吧!

◆盆栽要点

盆栽的好处在于,栽培环境和配土、管理方法等都可以人为控制。盆栽时,盆比苗大一倍足矣。盆器的材质非常多,大多数植物适用陶土和塑料等材质的盆器。陶土质地的盆器透气性好但容易干,塑料盆器轻且不容易损坏但透气性稍差,这是材质本身的特性导致的。

◆地栽要点

地栽的好处在于,可以让植物把自身的表现发挥得淋漓尽致。比起盆栽,地栽不用担心浇水。更重要的是,如果把想要种植的植物种植在适合其生长的环境中,大可以粗放管理。

◆使高度一致的技巧

种植的时候,无论是地栽还是盆栽,都应该使到手的苗土和种植土的高度一致,种植时应该根据情况来决定浅埋还是深埋。

在大多数情况下,没有必要破坏盆底的根系。宿根植物生长本就缓慢,把它好不容易长出来的根给剪了,并不是什么好事。但是如果老根盘踞,为了防止种植时根系太过稳固而不生长的情况,需要将底部的根系松一松再进行种植。

◆种植必看

大多数宿根植物的生长周期较长而花期较短,如果想要四季赏花,组合种植倒是不错的选择。也推荐宿根植物和一年生植物组合种植。大多数宿根植物都是可以移栽的,如果种植环境不合适,大可以重新种。把喜欢的宿根植物自由地种植,一起看它生长的过程吧!

盆栽

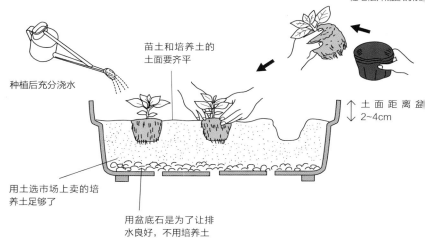

如果根系过于盘结，轻地松开底部的根

苗土和培养土的土面要齐平

种植后充分浇水

土面距离盆 2~4cm

用土选市场上卖的培养土足够了

用盆底石是为了让排水良好，不用培养土

地栽

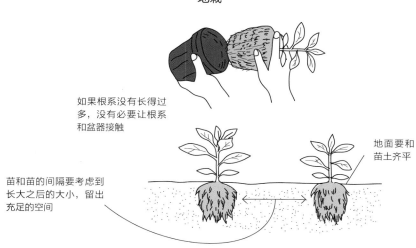

如果根系没有长得过多，没有必要让根系和盆器接触

地面要和苗土齐平

苗和苗的间隔要考虑到长大之后的大小，留出充足的空间

254

宿根植物的修剪

通过修剪让宿根植物的花开得更漂亮!

◆修剪大致上分为三类

宿根植物的修剪大体上分为三类：为了限制高度增加花量的"花前修剪（摘心）"、为了保留植物营养的"花后修剪"、为了第二年做准备的"回剪（冬季修剪）"。如果把时间和要点搞清楚，其实很容易掌握。

◆修剪1：花前修剪（摘心）

如果宿根植物生长过快，过长的茎干难以支撑住花头，而花前修剪能让其在花期更加稳固，花量也会增大。

但是，适合花前修剪的宿根植物，主要是茎干会长得太高的宿根植物。花茎贴近地面且不容易长长的宿根植物，如果这样修剪，有可能就不开花了。请记住这句话——"修剪带叶子的茎干，不修剪带有花蕾的花茎"。

更具象一点，唇形科宿根植物就适合花前修剪。修剪的最佳时间在2月前后，也就是说，在花茎开始伸长前进行修剪。在开花前进行2次以上修剪就可以了。

要记住，修剪次数和时间根据植物种类、环境的不同而不同。大概每年的修剪时间都差不多，把修剪的时间记录下来对来年也会有所帮助。

修剪时，要修剪到节间稍微上面一点的位置。被切掉的节间位置会出现分枝，这样茎干也会变多，也有可能在稍低的位置就开很多花朵。

◆修剪2：花后修剪

花后修剪是指从花开到花落、冬季落叶前对植物进行修剪。和花前修剪不同，所有的宿根植物都可以进行花后修剪。

植物在开花到结实的时候会用尽最后的养分，所以花开到一定的程度，在结种子之前需要将残花摘除。

而且如果从开花初期就开始修剪的话，也能延长花期。全部开花后，对花茎进行修剪，不仅可以修整株型，还可以保存养分。根据种类来进行整株小小的修剪。

但是，如果对播种有期待的话，就保留种子吧!

◆修剪3：回剪（冬季修剪）

到了冬季，很多宿根植物都会落叶，地上部分枯萎。这样看起来很糟糕，而且枯叶和枯枝会给邻居带来麻烦，所以需要回剪至芽点处，等待春季发芽。但是，在寒冷地区枯叶对防寒大有裨益，所以在春季发芽前放任不管，等到发芽后再进行修剪也是可以的。

修剪 1：花前修剪（摘心）

普通摘心

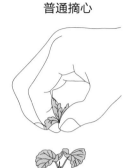

唇形科等宿根植物在开花前进行 1~2 次修剪

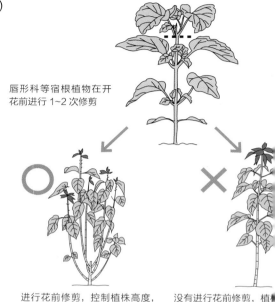

从穗的部分摘除，任何宿根植物都可以这样操作

进行花前修剪，控制植株高度，增大花量

没有进行花前修剪，植高，需要支撑，花量也

修剪 2：花后修剪（摘花）

摘花

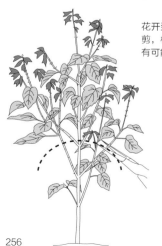

花开到一定程度，在结种子前修剪，根据种类不同，有些植物还有可能二次开花

需要注意不同种类的植物开花方式不同。花期开始的时候摘花能延长花期

宿根植物的繁殖方法

根据植物种类的不同，繁殖方法既有容易的，也有困难的。

◆多数宿根植物难以通过种子繁殖

宿根植物的主要繁殖方式有分株繁殖、扦插（芽）繁殖、种子繁殖。大多数宿根植物种子发芽困难，故种子繁殖并不是一个可靠的方式（但是对于可以自播的宿根植物，种子繁殖非常容易）。

◆简单的繁殖方式是分株

分株是最可靠并且简单的繁殖方法。分株后根系也能快速生长的春秋季是最适宜分株的时候。避开花期分株，例如春季开花的宿根植物秋季分株，而秋季开花的植物春季分株。避开在根系难以生长的盛夏和处于休眠期的寒冬分株。

地栽的植物，尽量不要切断根部，挖出时可以扩大范围，用剪刀等对根进行均等分。如果根系难以看清，用水进行冲洗后再剪切也是一个可靠的办法。

如果在挖的时候切掉了大部分根系，或者植株本身根比较细，分配不均匀的情况下，需要剪短地上部分茎叶来维持平衡。根和地上部分的大小、长度要保持一致是基本原则。如果根少了，输送到茎干和叶片的水分也会减少，那么茎和叶片的尖端会枯萎，植株也会伤元气。为了防止这样的情况发生，如果根变短了，那么茎和叶也要变短。宿根植物也会因为植株过老而开始衰败。比起去年，今年植株的株型和花量都变小的话，需要进行更新分株。

◆扦插繁殖的适合时期为晚春到秋季

可以长出木质化枝条的灌木型宿根植物，大多数都可以进行扦插。修剪后再进行扦插也是可行的。

扦插时期适合选择在气温不高不低的晚春到秋季。扦插的基质不加入肥料，可以用赤玉土，也可以用市面上贩卖的扦插用土，这都是经过验证的。

插穗选用今年新长出的枝条。已经木质化的老枝不容易生根，所以要避免使用。大概取2节左右的长度后切开，如果有叶子则剪掉。再把枝条的下部斜切后扦插。管理时需要避开强烈的阳光，放置在半日照处。生根后换盆养护。

此外，难以生根的宿根植物可以多扦插一些，以"可以扦插出少量苗也行"的心态来进行就行了。

分株

根据植物种类的不同，分株的时间
和方法也不同

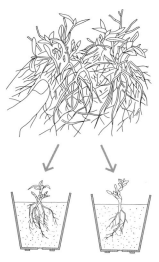

尽量不伤根，温柔地将其挖出，去
掉土后从老株上切除，每株保留
3~4 个芽点

扦插（芽）

有容易扦插的也有难扦插的

用生长茂盛的新枝即可

切 2 节左右的
穗，叶片切掉一

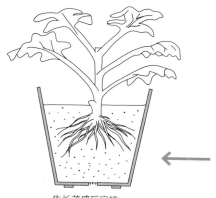

生长茂盛后定植

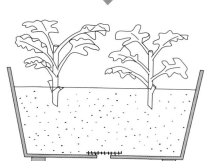

在扦插床里扦插，生根后移栽到盆器里

铁线莲的修剪、牵引

藤本皇后铁线莲品种多样，一年四季都能观察。

◆铁线莲枝条的性质

铁线莲根据枝条性质的不同，分为老枝开花、新枝开花、新老枝开花，主要是冬季的修剪不同。此外，和大多数宿根植物不太需要肥料的特性不一样的是，铁线莲比较喜肥。

◆老枝开花，轻剪

老枝开花的铁线莲是指前一年长出来的枝条（老枝）第二年开花。在冬季修剪时尽可能保留枝条，修剪掉过长且芽点也不饱满的细枝。但是，随着植物变老，开花性也会变差。当出现徒长的迹象时，需要进行中剪来修整株型。将春天到初夏开花后生长出的枝条留下2节左右进行修剪，枝条数量会增加。四季开花的铁线莲，在花后需要重复轻剪。

◆新枝开花，强剪

新枝开花的铁线莲，大多为小花。从底边长出的新枝尖端部分，初夏开花。

从春季开始生长的枝条，一周内需要往攀爬架上牵引2次。花后修剪，枝条长长后再行牵引。根据环境和植株的状态，花后及时修剪，可以复花2~3次。冬季地上部分枯萎，从植株底部进行回剪。

◆新老枝开花的铁线莲数量少且复杂

新老枝开花的铁线莲大多开中大花，具有新枝开花和老枝开花两种特性。大多数为杂交种，根据品种的不同，哪一方更强大就继承哪一方的习性。

冬季修剪，在芽点饱满的上方进行修剪。无论是否留老枝，新枝依旧会开花。尽早进行花后修剪，会再次开花。如果冬季修剪比较困惑的话，把全部枝条对半修剪也可以。

新枝开花的修剪

芽点从地表长出，对伸长的部分进行牵引

根据品种的不同，一般长到5~8节开花

开花后，早早进行回剪，长长的部分还可以再开一次花（回剪）

新枝开花的牵引

对长长的枝条进行牵引，把它往喜欢的方向进行牵引即可

老枝开花的牵引、修剪

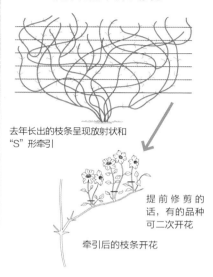

去年长出的枝条呈现放射状和"S"形牵引

提前修剪的话，有的品种可二次开花

牵引后的枝条开花

新老枝开花的花后修剪

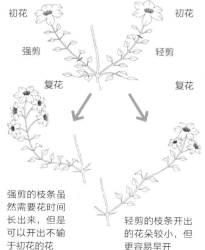

初花　　　　　　　　初花

强剪　　　　　　　　轻剪

复花　　　　　　　　复花

强剪的枝条虽然需要花时间长出来，但是可以开出不输于初花的花

轻剪的枝条开出的花朵较小，但更容易早开

术语解说
glossary

精选了图鉴中出现的专业术语。

一年生草本植物
也被称作一年生植物，一年以内经历发芽、开花、结实再到死亡的植物。原本属于多年生的草本植物，但在日本气候下一年内便枯死的植物也被称为一年生植物。

二年生草本植物
从发芽到生长、开花、结实、枯死的过程跨年的植物。

多年生草本植物
指的是可以生存数年的草本植物，也被称作多年生植物。

宿根植物
可以生长多年的草本植物。在冬季和夏季，地上部分枯萎，只留下根系。休眠期地上部分枯萎的多年生草本植物在园艺界也常常被称为宿根草。

群生
同一种类的植物从固定一个地方成片生长。

自播
植物的种子落下而自行播种，自然地繁殖。

自生
植物无须人工干预可自生。

原种
不经过人类干预的野生种。原种经过改良诞生园艺品种。

园艺品种
以观赏为目的，经过人为杂交、选育等改良的植物。

杂交种
将不同种类的植物人为杂交所产生的新品种。

F_1
用作杂交产生新品种的第一代亲本。这一代能够表现稳定的特征。也有从第二代开始不能表达其特征。

矮灌木
树身矮小，没有明显的主干，近地面处生出许多枝条，或为丛生状态的一种植物。种植在树木底下或庭院里，可以作为园林地被植物。

常绿
冬季和夏季不落叶，一年四季中随时都有叶子的植物。

花茎
也是茎干，上部分有花和花序的枝条。

株型
植株的形态、大小等特征。植物的姿态不同，魅力也各有千秋。类似的词语还有草姿、树形。

匍匐性
植物不能直立生长，可在地面匍匐生长。也被称为攀爬性。

耐寒性
对寒冷有一定的耐受性。也是植物到底对寒冷有多少耐受性的评判标准。

耐热性
对酷热有一定的耐受性。也是植物到底对酷热有多少耐受性的评判标准。

叶片灼伤
植物的叶片在强日照和干燥环境下受伤。

斑
主要是在叶片上，也有在花、果和茎干上。

徒长
因为光照不足和氮肥过多等原因，茎干长得过于细高。

播种
播撒种子。

施肥
给植物肥料。

培养土
在盆栽时用作养护植物的土，好几种单一土混合在一起的混合园艺土。

腐叶土
落叶堆积腐烂的土。作为土壤改良的优质材料使用。

泥炭土
土壤改良的优质材料。是由苔藓植物和其他植物残体逐渐堆积形成的。

修剪
切下植物的枝条和茎干。

摘心
主要是指摘除顶芽，促进侧芽分化。

摘花
在花开败后切除。

复花
一次开花后通过修剪可再次开花。在一年之中可以开好几次花被称为"四季开花""重复开花"等。

回剪
修剪方法。由于植物的顶芽有优先生长的性质，所以人为修剪可以促进侧芽生长，增加花量和叶量。回剪非常重要，用这种方法还可以修整植物的株型，将长得太过的老枝给修剪掉。

更新
让老株焕新。分株和扦插十分类似，都是将老株的根切开再次种植以培育新株的方法。主要是以恢复长势为目的。

分株
植物的繁殖方法之一。将带有根和根茎的枝

条从母株分离，成为子株。也有分根一说。

扦插
植物的繁殖方法之一。从母株上切取茎干和枝条插在土里生根繁殖，得到子株。

种子繁殖
植物的繁殖方法之一。通过播种来长出新的植株。

地面覆盖
用稻草、树皮和腐叶等覆盖在植物生长的土表上，可以达到保温、保水、遮阳等目的。

作者简介

荻原范雄

　　1978年出生于日本三重县，是宿根植物专营店"荻原植物园"上田店的店长。荻原植物园从20世纪80年代开始收集并销售珍稀宿根植物，收集了4000多种宿根植物。范雄先生从海外引进优良植物品种进行栽种和销售，在实践中获取园艺知识。范雄先生在园艺杂志中担任监修、主笔，其作品有《彩叶植物图鉴》等。

摄影合作：荻原植物园、土壤花园、轻井泽湖泊花园、轻井泽雷泽别墅、白马柯蒂娜英式花园、梦想丰收农场、卡斯塔自然疗愈花园

照片来源：荻原植物园

照片摄影：林桂多、杉山和行（以上人员皆来自讲谈社摄影部）

插图制作：梶原由加利